Photoshop图像处理+网店美工+特效制作
完全实训手册

唐琳　编著

U0215000

清华大学出版社
北　京

内 容 简 介

本书通过 208 个具体实例，向大家展示如何使用 Photoshop 对图像进行设计与处理。全书共分为 18 个章节。所有例子都经过精心挑选和制作，将 Photoshop 的知识点融入实例之中，并进行了简要而深刻的说明。可以说，读者通过对这些实例的学习，将起到举一反三的作用，一定能够由此掌握图像创意与设计的精髓。

读者将从中学到 Photoshop 基础应用、图像处理技法、数码照片的编辑处理、平面广告设计中常用字体的表现、宣传折页设计、宣传展架设计、杂志封面设计、海报设计、包装设计、VI 设计、卡片设计、手机移动 UI 设计、网站宣传广告设计、淘宝店铺设计、广告设计中梦幻特效制作、效果图后期处理技巧、室内大厅效果图、室外建筑效果图后期处理技法。

本书内容丰富，语言通俗，结构清晰。适合于初、中级读者学习使用，也可以供从事平面设计、图像处理人员阅读；同时还可以作为大中专院校相关专业、相关计算机培训班的上机指导教材。

图书在版编目(CIP)数据

Photoshop 图像处理＋网店美工＋特效制作完全实训手册 / 唐琳编著 . —北京：清华大学出版社，2021.5 (2024. 3 重印)
ISBN 978-7-302-56934-3

Ⅰ . ① P⋯ Ⅱ . ①唐⋯ Ⅲ . ①图像处理软件—手册 Ⅳ . ① TP391.413-62

中国版本图书馆 CIP 数据核字 (2020) 第 228145 号

责任编辑：张彦青
封面设计：李　坤
责任校对：吴春华
责任印制：丛怀宇

出版发行：清华大学出版社
　　　网　　　址：https://www.tup.com.cn, https://www.wqxuetang.com
　　　地　　　址：北京清华大学学研大厦 A 座　　　　　　　　　邮　　编：100084
　　　社 总 机：010-83470000　　　　　　　　　　　　　　　邮　　购：010-62786544
　　　投稿与读者服务：010-62776969，c-service@tup.tsinghua.edu.cn
　　　质 量 反 馈：010-62772015，zhiliang@tup.tsinghua.edu.cn
印 装 者：三河市龙大印装有限公司
经　　销：全国新华书店
开　　本：210mm×260mm　　　印　张：17　　插　页：3　　字　数：410 千字
版　　次：2021 年 5 月第 1 版　　印　次：2024 年 3 月第 2 次印刷
定　　价：98.00 元

产品编号：087195-01

前　言

　　Photoshop 是Adobe公司旗下常用的图像处理软件之一，被广泛应用于图像处理、平面设计、插画创作、网站设计、卡通设计、影视包装等诸多领域，我们基于Photoshop在平面设计行业应用的广泛度，编写了本书，希望能给读者学习平面设计带来帮助。

　　1. 本书特色

　　本书以提高读者的动手能力为出发点，内容覆盖了图像处理、网店美工、特效制作等方面的技术与技巧。通过208个实战案例，由浅入深、由易到难，逐步引导读者系统地掌握软件的操作技能和相关行业知识。

　　2. 海量的电子学习资源和素材

　　本书附带大量的学习资料和视频教程，下面截图给出部分概览。

　　本书附带所有的素材文件、场景文件、效果文件、多媒体有声视频教学录像，读者在读完本书内容以后，可以调用这些资源进行深入学习。

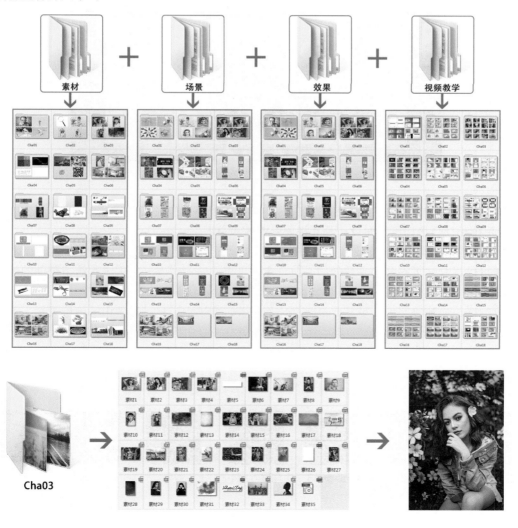

本书视频教学贴近实际，几乎手把手教学。

3. 读者对象

- Photoshop初学者。
- 大中专院校和社会培训班平面设计及其相关专业的人员。
- 平面设计从业人员。

本书的出版可以说凝结了许多优秀教师的心血，在这里衷心感谢对本书出版过程给予帮助的编辑老师，感谢你们！

本书由唐琳编著，参加编写的人员还有朱晓文、刘蒙蒙、安洪宇，视频教学由季艳艳录制、剪辑。在编写的过程中，我们虽竭尽所能将最好的讲解呈现给读者，但难免有疏漏和不妥之处，敬请读者不吝指正。

编　者

场景.part1

场景.part2

场景.part3

场景.part4

效果

素材01

素材02

目 录

第3章　数码照片的编辑处理

第4章　平面广告设计中常用字体的表现

第5章　宣传折页设计

Photoshop图像处理+网店美工+特效制作 完全实训手册

第1章 Photoshop CC 2018 基础应用

 本章导读

　　本章主要对Photoshop CC 2018进行简单的介绍，对Photoshop CC 2018的安装、启动与退出，以及对其工作环境进行介绍，并介绍了多种图形图像的处理工具。通过对本章的学习，使用户对Photoshop CC 2018有一个初步的认识，为后面章节的学习奠定良好的基础。

实例 001 安装Photoshop

Step 01 在相应的文件夹下选择下载后的安装文件，双击安装文件图标，如图1-1所示。

图1-1

Step 02 弹出【Adobe 安装程序】对话框，单击【忽略】按钮，如图1-2所示。

图1-2

Step 03 此时软件正在初始化安装程序，如图1-3所示。

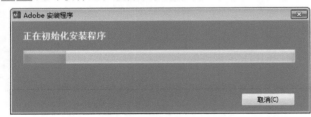

图1-3

Step 04 弹出【选项】界面，在该界面中，根据自己的需要，设置安装路径，然后单击【安装】按钮，如图1-4所示。

Step 05 在弹出的【安装】界面中将显示所安装的进度，如图1-5所示。

图1-4

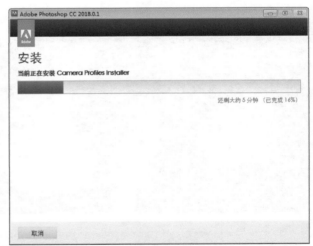

图1-5

Step 06 安装完成后，将会弹出【安装完成】界面，如图1-6所示。

图1-6

实例 002 卸载Photoshop

Step 01 单击计算机桌面左下角的【开始】按钮，选择【控制面板】选项，如图1-7所示。

图1-7

Step 02 在【程序】界面中选择【卸载程序】选项，在【卸载或更改程序】界面中选择Adobe Photoshop CC 2018选项，单击【卸载】按钮，如图1-8所示。

图1-8

Step 03 在【卸载选项】界面中，勾选【删除首选项】复选框，单击【卸载】按钮，如图1-9所示。

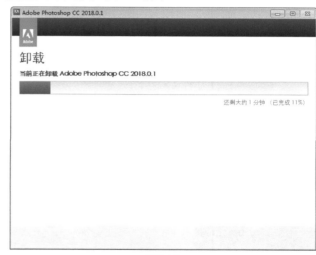

图1-9

Step 04 卸载进度如图1-10所示。

图1-10

实例 003 启动Photoshop

Step 01 选择【开始】|【程序】|Adobe Photoshop CC 2018命令，如图1-11所示。

Step 02 执行该操作后，即可启动Photoshop CC 2018，如图1-12所示为Photoshop CC 2018的起始界面。

◎提示·◎

直接在桌面上双击Photoshop的快捷图标或双击与Photoshop相关联的文档即可启动Photoshop。

图1-11

图1-12

实例 004 退出Photoshop

Step 01 选择【文件】|【退出】命令，如图1-13所示。

Step 02 如果当前图像是一个新建的或没有保存过的文件，则会弹出一个信息提示对话框，如图1-14所示。单击【是】按钮，打开【另存为】对话框；单击【否】按钮，可以关闭文件，但不保存修改结果；单击【取消】按钮，可以关闭该对话框，并取消关闭操作。

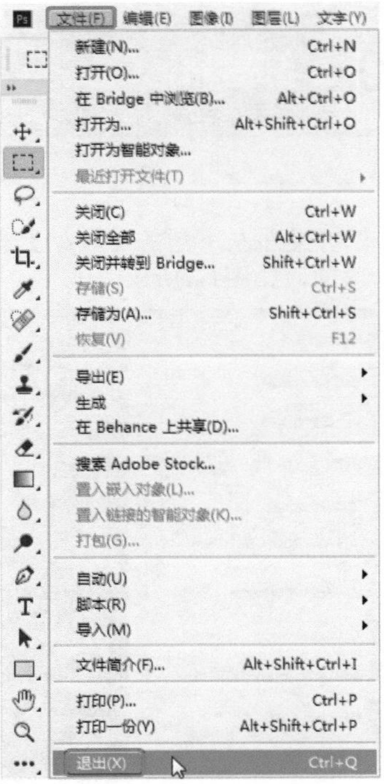

图1-13

图1-14

提示

除了上述方法外，还可以通过以下方法退出Photoshop CC 2018。

- 单击Photoshop CC 2018程序窗口右上角的【关闭】按钮 × 。
- 单击Photoshop CC 2018程序窗口左上角的 Ps 图标，在弹出的下拉菜单中选择【关闭】命令。
- 双击Photoshop CC 2018程序窗口左上角的 Ps 图标。
- 按Alt+F4组合键。
- 按Ctrl+Q组合键。

实例 005 打开文档

素材：素材\Cha01\01.jpg

Step 01 按Ctrl+O组合键，弹出【打开】对话框，选择一个图像文件，如图1-15所示。

图1-15

Step 02 单击【打开】按钮，或按Enter键，或双击鼠标，即可打开选择的素材图像，如图1-16所示。

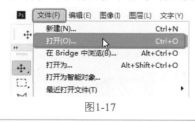

图1-16

◎提示·。

　　在菜单栏中选择【文件】|【打开】命令，即可打开素材，如图1-17所示。在工作区域内双击鼠标左键也可以打开【打开】对话框。按住Ctrl键单击需要打开的文件，可以打开多个不相邻的文件，按住Shift键单击需要打开的文件，可以打开多个相邻的文件。

图1-17

实例 006 保存文档

Step 01 在菜单栏中选择【图像】|【调整】|【亮度/对比

度】命令，在弹出的【亮度/对比度】对话框中将【亮度】、【对比度】分别设置为28、-7，如图1-18所示。

图1-18

Step 02 单击【确定】按钮，在菜单栏中选择【文件】|【存储为】命令，如图1-19所示。

Step 03 在弹出的【另存为】对话框中设置保存路径、文件名以及保存类型，如图1-20所示。

图1-19　　　　　　　　　　图1-20

Step 04 单击【保存】按钮，在弹出的【JPEG选项】对话框中将【品质】设置为12，如图1-21所示，单击【确定】按钮。

图1-21

◎提示·◎

上述方法是在不覆盖原图像的前提下将文件进行存储，如果用户希望在原图像上进行保存，可在单击【文件】按钮后弹出的下拉列表中选择【存储】选项，或按Ctrl+S组合键。

实例 007 窗口的排列

◎ 素材：素材\Cha01\01.jpg、02.jpg

Step 01 打开两个图像文件，此时可以看到窗口中只可以显示一个文档窗口，如图1-22所示。

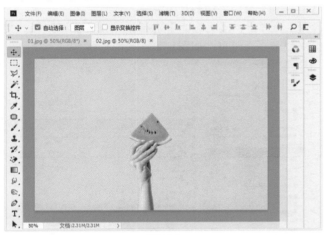
图1-22

Step 02 在菜单栏中选择【窗口】|【排列】|【平铺】命令，如图1-23所示。

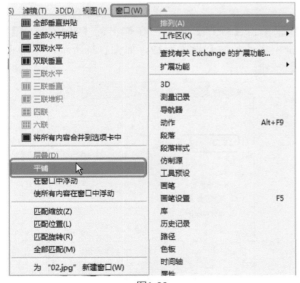
图1-23

Step 03 执行该操作后，即可发现文档窗口全部都显示在文档中，效果如图1-24所示。

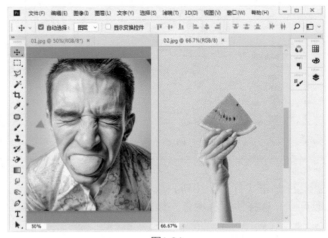
图1-24

◎提示·◎

还可以在菜单栏中选择【窗口】|【排列】|【双联水平】命令，执行该操作后，即可发现文档窗口水平排列在文档中，效果如图1-25所示。

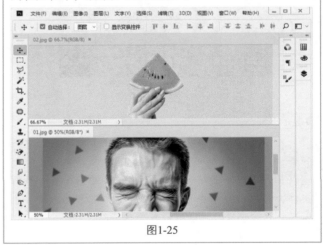
图1-25

实例 008 视图的缩放及平移

◎ 素材：素材\Cha01\01.jpg

Step 01 打开一个图像文件，在工具箱中单击【缩放工具】 ，将光标移至工作区中，此时光标将变为中心带有加号的"放大镜"样式 ，如图1-26所示。

Step 02 在工作区中的图像上单击鼠标，即可放大图像，效果如图1-27所示。

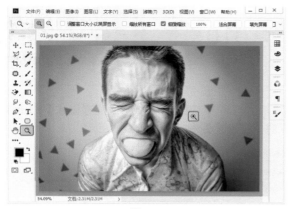

图1-26

图1-27

◎提示·◎

若需要缩放显示比例，可以按住Alt键，此时光标将变为中心带有减号的"缩小"样式 ，在图像上单击鼠标，即可将图像缩小显示。除此之外，还可以按Ctrl+减号键缩小图像显示比例、按Ctrl+加号键放大图像显示比例。

Step 03 当显示比例放大到一定程度后，窗口将无法显示全部画面，如果需要查看隐藏的区域，可以在工具箱中单击【抓手工具】 ，此时光标将变为 形状，按住鼠标左键拖动即可对画布进行平移，如图1-28所示。

图1-28

Step 04 移动至相应位置并释放鼠标后，即可查看无法显示的部分画面，效果如图1-29所示。

图1-29

◎提示·◎

除了上述方法之外，还可以按住空格键，当鼠标变为 形状时，按住鼠标拖动，同样可以平移画布。

实例 009 个性化设置

Step 01 启动软件后，在菜单栏中选择【编辑】|【首选项】|【常规】命令，弹出【首选项】对话框，如图1-30所示。

图1-30

Step 02 切换到【界面】选项卡，将【颜色方案】设为最后一个色块（默认为第一个色块），其他保持默认值，如图1-31所示。

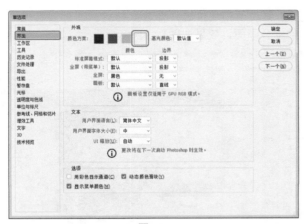

图1-31

Step 03 切换到【光标】选项卡，在该界面中可以设置【绘画光标】和【其它光标】。将【绘画光标】设为【标准】，【其它光标】设为【标准】，如图1-32所示。

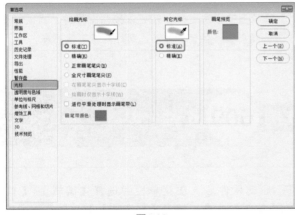

图1-32

Step 04 切换到【透明度与色域】选项卡，可以设置【网格大小】和【网格颜色】，用户可以根据自己的需要进行相应的设置，如图1-33所示，单击【确定】按钮即可完成设置。

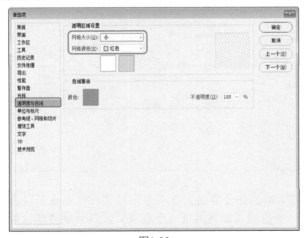

图1-33

实例 010 切换屏幕显示模式

Step 01 在菜单栏中选择【视图】|【屏幕模式】|【带有菜单栏的全屏模式】命令，如图1-34所示。

图1-34

Step 02 执行该操作后，即可切换至带有菜单栏的全屏模式，效果如图1-35所示。

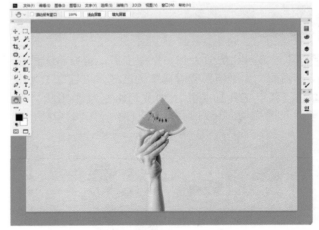

图1-35

◎提示·。

除了上述方法外，还可以在工具箱中的【更改屏幕模式】按钮□上单击鼠标右键，在弹出的下拉列表中选择屏幕模式。

实例 011 更改图像颜色模式

素材：素材\Cha01\03.jpg

Step 01 打开一个图像素材文件，此时将会在图像的名称右侧看到当前图像的颜色模式，如图1-36所示。

图1-36

Step 02 在菜单栏中选择【图像】|【模式】|【CMYK颜色】命令，如图1-37所示。

图1-37

Step 03 执行该操作后，将会弹出提示对话框，单击【确定】按钮将继续转换颜色模式，单击【取消】按钮将不对颜色模式进行更改，如图1-38所示。

图1-38

Step 04 单击【确定】按钮后，即可更改图像的颜色模

式，效果如图1-39所示。

图1-39

实例 012 调整图像大小

素材：素材\Cha01\03.jpg

Step 01 打开一个素材图像，在菜单栏中选择【图像】|【图像大小】命令，如图1-40所示。

图1-40

Step 02 在弹出的【图像大小】对话框中会显示当前图像的尺寸与分辨率，如图1-41所示。

图1-41

Step 03 在【图像大小】对话框中单击【限制长宽比】按钮 🔗，将【宽度】设置为800像素，此时会发现【高度】也会随之改变，如图1-42所示。

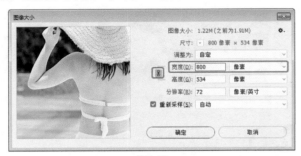

图1-42

Step 04 设置完成后，单击【确定】按钮，即可完成调整图像的大小，效果如图1-43所示。

图1-43

实例 **013** 调整画布大小

● 素材：素材\Cha01\04.jpg

Step 01 打开一个图像素材文件，效果如图1-44所示。

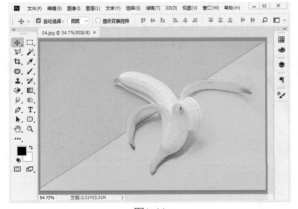

图1-44

Step 02 在菜单栏中选择【图像】|【画布大小】命令，如图1-45所示。

图1-45

Step 03 在弹出的对话框中勾选【相对】复选框，将【宽度】、【高度】均设置为2厘米，将【画布扩展颜色】设置为【白色】，如图1-46所示。

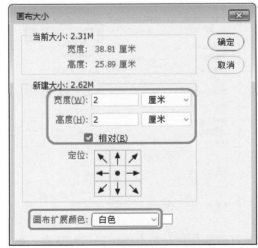

图1-46

◎提示

　　勾选【相对】复选框后，将会在原尺寸的基础上实际增加或减小画布的大小，输入正值则代表增加画布大小，输入负值将减小画布大小。

Step 04 设置完成后，单击【确定】按钮，即可完成调整画布大小，效果如图1-47所示。

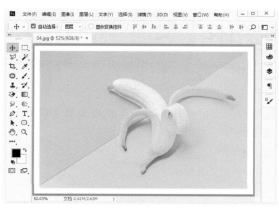

图1-47

● 素材：素材\Cha01\05.jpg

Step 01 打开一个图像素材文件，效果如图1-50所示。

图1-50

Step 02 在菜单栏中选择【视图】|【新建参考线】命令，如图1-51所示。

Step 03 在弹出的【新建参考线】对话框中选中【垂直】单选按钮，将【位置】设置为20.5厘米，如图1-52所示。

● 素材：素材\Cha01\04.jpg

Step 01 打开一张素材图片，在菜单栏中选择【图像】|【图像旋转】|【180度】命令，如图1-48所示。

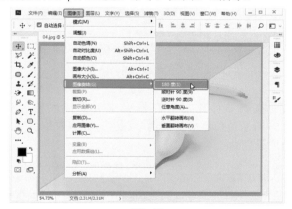

图1-48

Step 02 执行该操作后，即可将图像旋转180度，效果如图1-49所示。

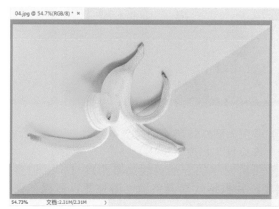

图1-49

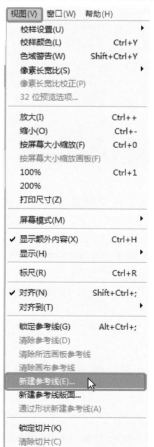

图1-51

图1-52

Step 04 设置完成后，单击【确定】按钮，即可在视图中创建一条垂直参考线，如图1-53所示。

图1-53

Step 05 按Ctrl+R组合键显示标尺，在上方标尺上单击并按住鼠标向下拖动，在20厘米位置处释放鼠标，创建一条水平参考线，如图1-54所示。

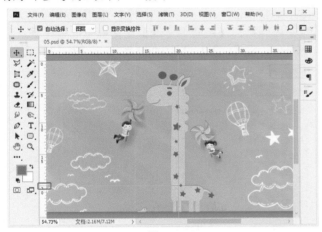

图1-54

Step 06 使用相同的方法再在工作区中创建其他参考线，效果如图1-55所示。

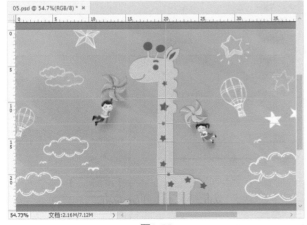

图1-55

实例 016 操控变形对象

Step 01 继续上面的操作，在菜单栏中选择【编辑】|【操控变形】命令，如图1-56所示。

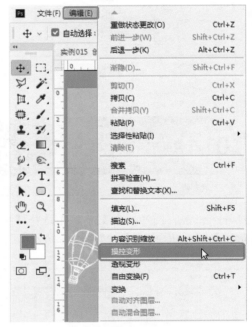

图1-56

Step 02 执行该操作后，在图像上会布满网格，在如图1-57所示的位置处添加两个图钉，并将左侧图钉的旋转角度设置为-5。

图1-57

Step 03 再在如图1-58所示的位置处添加一个图钉，将其旋转角度设置为13度。

Step 04 使用同样的方法再添加多个图钉，并调整其旋转角度，并根据效果调整图钉的位置，效果如图1-59所示。

图1-58

图1-59

Step 05 调整完成后，按Enter键完成操控变形即可，效果如图1-60所示。

图1-60

◎提示◎

在预览效果时，带有参考线的图像可能会不便于观察效果，用户可以在菜单栏中将【视图】|【显示额外内容】选项取消勾选，即可将参考线隐藏，若需要显示参考线，可再次勾选【显示额外内容】命令。

实例 017 自由变换对象

◉ 素材：06.jpg、07.jpg
◉ 场景：自由变换对象.psd

Step 01 打开一个图像素材文件，如图1-61所示。

图1-61

Step 02 在菜单栏中选择【文件】|【置入嵌入的对象】命令，在弹出的对话框中选择另一个图像素材文件，单击【置入】按钮，然后按Enter键完成置入，效果如图1-62所示。

图1-62

Step 03 在菜单栏中选择【编辑】|【自由变换】命令，如图1-63所示。

Step 04 执行该操作后，在图像四周将会出现界定框，将光标移至界定框的一角处，按住Shift键向内拖动鼠标，等比例缩放图像，并调整其位置，效果如图1-64所示。

图1-63

图1-64

Step 05 在图像上单击鼠标右键，在弹出的快捷菜单中选择【扭曲】命令，如图1-65所示。

Step 06 将光标移至左上角的控制点处，按住鼠标将其拖曳至手机屏幕的左上角，如图1-66所示。

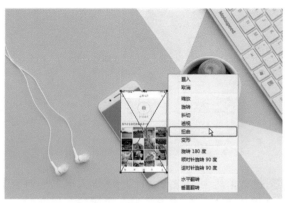
图1-65

图1-66

Step 07 使用同样的方法移动其他控制点,效果如图1-67所示。

图1-67

Step 08 按Enter键或单击工具选项栏的【提交变换】按钮✔完成变换操作,效果如图1-68所示。

图1-68

实例 018 复制并变换对象

⊛ 素材:08.psd
⊛ 场景:复制并变换对象.psd

Step 01 打开素材文件,如图1-69所示。

图1-69

Step 02 在【图层】面板中选择【图层 1】,按Ctrl+T组合键,将光标移至界定框的中心位置控制点处,按住鼠标将其向下拖动,调整中心控制点的位置,效果如图1-70所示。

图1-70

Step 03 在工具选项栏中将【旋转】设置为-50度,如图1-71所示。

图1-71

Step 04 设置完成后，按Enter键完成变换，多次按Ctrl+Shift+Alt+T组合键进行复制并重复上一次的变换操作，此时，即可发现复制并变换的对象沿着上面所调整的中心位置进行变换，效果如图1-72所示。

图1-72

实例 **019** 移动工具

◉ 素材：09.jpg、10.png
◉ 场景：移动工具.psd

Step 01 打开"素材\Cha01\09.jpg、10.png"素材文件，如图1-73、图1-74所示。

图1-73

图1-74

Step 02 单击工具箱中的【移动工具】➕，在工具选项栏中勾选【自动选择】复选框，将类型设置为【图层】，在"10.png"素材文件中单击素材对象，将其选中，如图1-75所示。

图1-75

Step 03 按住鼠标将选中的素材对象拖曳至"09.jpg"素材文件中，在合适的位置处释放鼠标，并调整其位置即可，如图1-76所示。

图1-76

◎提示·◎

使用【移动工具】选中对象时，每按一下键盘中的上、下、左、右方向键，图像就会移动一个像素的距离；按住Shift键的同时再按方向键，图像每次会移动十个像素的距离。

实例 **020** 裁剪工具

◉ 素材：素材\Cha01\11.jpg

Step 01 打开"素材\Cha01\11.jpg"素材文件，如图1-77所示。

Step 02 在工具箱中单击【裁剪工具】🔲，在工作界面中按住鼠标左键并调整裁剪框的大小，在合适的位置释放鼠标，调整完成后的效果如图1-78所示。

图1-77

图1-78

Step 03 按Enter键，即可对素材文件进行裁剪，效果如图1-79所示。

图1-79

◎提示·◦

　　如果要将裁剪框移动到其他位置，则可将指针放在裁剪框内并拖动。在调整裁剪框时按住Shift键，则可以控制其裁剪比例。如果要旋转裁剪框，则可将指针放在裁剪框外（指针变为弯曲的箭头↲形状）并拖动，即可旋转裁剪框。

实例 021 渐变工具

◉ 素材：12.jpg
◉ 场景：渐变工具.psd

Step 01 打开"素材\Cha01\12.jpg"素材文件，如图1-80所示。

图1-80

Step 02 在工具箱中单击【渐变工具】 ▣ ，在工具选项栏中单击渐变条，在弹出的【渐变编辑器】对话框中将左侧色标的颜色值设置为# 71d1e2，将右侧色标的颜色值设置为# 3d0689，如图1-81所示。

Step 03 设置完成后，单击【确定】按钮，在工具选项栏中单击【线性渐变】按钮 ▣ ，在【图层】面板中单击【创建新图层】按钮 ▫ ，在工作区中图像的左上角单击鼠标并按住向右下角拖曳，释放鼠标后，即可填充渐变

颜色，效果如图1-82所示。

图1-81

图1-82

Step 04 在【图层】面板中选择【图层 1】图层，将【混合模式】设置为【滤色】，将【不透明度】设置为62%，效果如图1-83所示。

图1-83

◉ 素材：13.jpg
◉ 场景：画笔工具.psd

Step 01 打开"素材\Cha01\13.jpg"素材文件，如图1-84所示。

Step 02 在工具箱中单击【画笔工具】 ✎，在菜单栏中选择【窗口】|【画笔】命令，在弹出的【画笔】面板中选择【特殊效果画笔】下的【Kyle 的喷溅画笔 - 高级喷溅和纹理】画笔效果，如图1-85所示。

图1-84

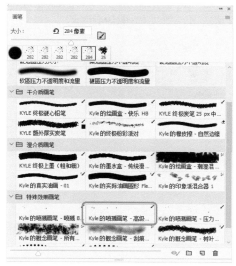

图1-85

Step 03 按F5键，打开【画笔设置】面板，将【间距】设置为130%，如图1-86所示。

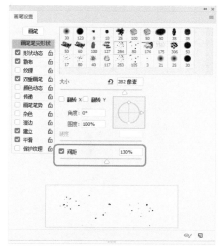

图1-86

Step 04 设置完成后，在工具箱中将【前景色】的RGB值设置为255、255、255，在【图层】面板中单击【创建新图层】按钮 ◲，在工作区中单击鼠标进行绘制，绘制后的效果如图1-87所示。

图1-87

◉提示·◉

在使用画笔的过程中，按住Shift键可以绘制水平、垂直或者以45度为增量角的直线。如果在确定起点后，按住Shift键单击画布中的任意一点，则两点之间以直线相连接。

◉ 素材：素材\Cha01\14.jpg

Step 01 打开图像素材文件，如图1-88所示。

Step 02 在工具箱中单击【橡皮擦工具】 ◢，在【画笔预设】选取器中选择笔触，将【大小】设置为100像素，将【硬度】设置为100%，按Enter键确认，如图1-89所示。

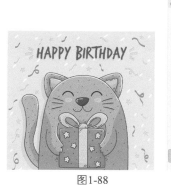

图1-88

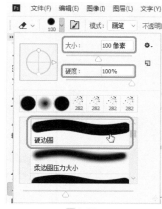

图1-89

Step 03 在工具箱中将背景色的颜色值设置为#c4e9fb，在素材文件中进行涂抹，完成后的效果如图1-90所示。

图1-90

略图，将其载入选区，按Ctrl+Shift+I组合键进行反选，将擦除颜色的字母选中，如图1-93所示。

图1-93

实例 024 背景橡皮擦工具

◉ 素材：15.jpg
◉ 场景：背景橡皮擦工具.psd

Step 01 打开图像素材文件，如图1-91所示。

图1-91

Step 02 在工具箱中单击【背景橡皮擦工具】 ，在工具选项栏中单击【取样：一次】按钮 ，将【容差】设置为50%，在图像上对L字母单击取样，并按住鼠标对L、V两个字母进行涂抹，即可将粉色的字母擦除，效果如图1-92所示。

图1-92

Step 03 在【图层】面板中按住Ctrl键单击【图层 0】的缩

Step 04 在工具箱中将前景色的颜色值设置为#fedd01，按Alt+Delete组合键填充前景色，填充完成后，按Ctrl+D组合键取消选区，效果如图1-94所示。

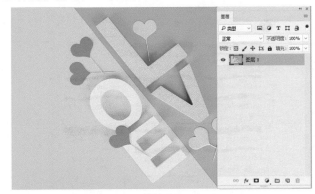

图1-94

实例 025 魔术橡皮擦工具

◉ 素材：16.jpg、17.psd
◉ 场景：魔术橡皮擦工具.psd

Step 01 打开图像素材文件，如图1-95所示。

图1-95

Step 02 在工具箱中单击【魔术橡皮擦工具】，在工具选项栏中将【容差】设置为40，在蓝色背景上单击鼠标，即可将其擦除，如图1-96所示。

图1-96

Step 03 打开图像素材文件，如图1-97所示。

Step 04 返回至"16.jpg"素材文件中，在工具箱中单击【移动工具】，在图像上单击鼠标并按住鼠标将其拖曳至"17.psd"素材文件中，在【图层】面板中将【图层3】调整至【图层2】的下方，并调整素材文件的大小与位置，效果如图1-98所示。

图1-97

图1-98

实例 026 历史记录画笔工具

场景：素材\Cha01\18.jpg

Step 01 打开图像素材文件，如图1-99所示。

图1-99

Step 02 在菜单栏中选择【图像】|【调整】|【色相/饱和度】命令，如图1-100所示。

图1-100

Step 03 在弹出的对话框中将【色相】设置为20，将【饱和度】设置为45，单击【确定】按钮，调整后的效果如图1-101所示。

图1-101

Step 04 在工具箱中单击【历史记录画笔工具】，在工具选项栏中设置笔触大小，设置完成后，对人物部分进行涂抹，即可恢复素材文件的原样，如图1-102所示。

图1-102

Photoshop图像处理+网店美工+特效制作 完全实训手册

实例 027 矩形选框工具

素材：19.psd、20.jpg
场景：矩形选框工具.psd

Step 01 打开"素材\Cha01\19.psd"素材文件，如图1-103所示。

Step 02 在工具箱中单击【矩形选框工具】，在工作区中选取区域，如图1-104所示。

图1-103　　　　　图1-104

Step 03 打开"素材\Cha01\20.jpg"素材文件，如图1-105所示。

Step 04 切换至"19.psd"素材文件中，使用【矩形选框工具】将矩形选区拖曳至"20.jpg"素材文件中，并调整选区的位置，效果如图1-106所示。

图1-105　　　　　图1-106

Step 05 在工具箱中单击【移动工具】，按住鼠标将

选区中的图像拖曳至"19.psd"素材文档中，如图1-107所示。

图1-107

Step 06 在【图层】面板中将【图层3】调整至【图层2】的下方，效果如图1-108所示。

图1-108

实例 028 椭圆选框工具

素材：21.jpg、22.jpg
场景：椭圆选框工具.psd

Step 01 打开"素材\Cha01\21.jpg、22.jpg"素材文件，如图1-109、图1-110所示。

图1-109　　　　　图1-110

Step 02 切换至"22.jpg"素材文件中，在工具箱中单击【椭圆选框工具】，在工作区中按住鼠标拖曳，对

球体进行框选，效果如图1-111所示。

Step 03 在工具箱中单击【移动工具】➕，按住鼠标将选区中的图像拖曳至"21.jpg"素材文件中，并调整其位置与大小，效果如图1-112所示。

图1-111

图1-112

Step 04 在工具箱中单击【椭圆工具】○，，在工具选项栏中将【工具模式】设置为【形状】，将【填充】的颜色值设置为#2f2614，将【描边】设置为无，在工作区中绘制一个椭圆，在【属性】面板中将W、H分别设置为218、80像素，如图1-113所示。

图1-113

Step 05 在【属性】面板中单击【蒙版】按钮 □，将【羽化】设置为18像素，在【图层】面板中将【椭圆 1】调整至【图层 1】的下方，并调整椭圆的位置，效果如图1-114所示。

⊙提示·⊙

在绘制椭圆选区时，按住Shift键的同时拖动鼠标可以创建圆形选区；按住Alt键的同时拖动鼠标会以光标所在位置为中心创建选区，按住Alt+Shift组合键同时拖动鼠标，会以光标所在位置点为中心绘制圆形选区。

图1-114

实例 029 多边形套索工具

⊙ 素材：23.jpg、24.jpg
⊙ 场景：多边形套索工具.psd

Step 01 打开"素材\Cha01\23.jpg"素材文件，如图1-115所示。

Step 02 在工具箱中单击【多边形套索工具】✑，，在工作区中的人物边缘多次单击鼠标，对人物进行套索，如图1-116所示。

图1-115

图1-116

Step 03 按Shift+F6组合键，在弹出的【羽化选区】对话框中将【羽化半径】设置为3像素，如图1-117所示。

图1-117

Step 04 设置完成后，单击【确定】按钮，打开"素材\Cha01\24.jpg"素材文件，切换至"23.jpg"素材文件中，单击【移动工具】 ⊕，按住鼠标将选区中的图像拖曳至"24.jpg"素材文件中，如图1-118所示。

图1-118

◉提示·◦

　　如果在操作时绘制的直线不够准确，连续按下Delete键可依次向前删除，如果要删除所有直线段，可以按住Delete键不放或者按下Esc键。

实例 030 磁性套索工具

◉ 素材：25.jpg、26.jpg
◉ 场景：磁性套索工具.psd

Step 01 打开"素材\Cha01\25.jpg"素材文件，如图1-119所示。

Step 02 打开"素材\Cha01\26.jpg"素材文件，使用【移动工具】将"26.jpg"拖曳至"25.jpg"素材文件中，效果如图1-120所示。

图1-119　　　　　　图1-120

Step 03 在【图层】面板中单击【图层 1】左侧的 ◉ 图标，将【图层 1】隐藏，在工具箱中单击【磁性套索工具】 ⋟，在工作区中对如图1-121所示的区域进行套索。

图1-121

Step 04 在【图层】面板中将【图层 1】取消隐藏，选中【图层 1】，按Ctrl+Shift+I组合键进行反选，按Delete键将多余区域删除，效果如图1-122所示。

图1-122

Step 05 删除完成后，按Ctrl+D组合键取消选区，对完成后的文件进行保存即可。

◉提示·◦

　　在使用【磁性套索工具】 ⋟ 时，按住Alt键在其他区域单击鼠标左键，可切换为多边形套索工具创建直线选区；按住Alt键单击鼠标左键并拖动鼠标，则可以切换为套索工具绘制自由形状的选区。

实例 031 魔棒工具

- 素材: 27.jpg
- 场景: 魔棒工具.psd

Step 01 打开"素材\Cha01\27.jpg"素材文件,如图1-123所示。

Step 02 在工具箱中单击【魔棒工具】,在工具选项栏中单击【添加到选区】按钮,将【容差】设置为100,在工作区中的帽子对象上多次单击鼠标,将帽子对象进行选取,如图1-124所示。

图1-123

图1-124

Step 03 按Ctrl+U组合键,在弹出的【色相/饱和度】对话框中将【色相】设置为-43,如图1-125所示。

Step 04 设置完成后,单击【确定】按钮,按Ctrl+D组合键取消选区,效果如图1-126所示。

图1-125

图1-126

> **◎提示·◎**
>
> 若在使用【魔棒工具】时,按住Shift键的同时单击鼠标可以添加选区,按住Alt键的同时单击鼠标可以从当前选区中减去,按住Shift+Alt组合键的同时单击鼠标可以得到与当前选区相交的选区。

实例 032 图层蒙版

- 素材: 28.jpg、29.jpg
- 场景: 图层蒙版.psd

Step 01 打开"素材\Cha01\28.jpg"素材文件,如图1-127所示。

图1-127

Step 02 在菜单栏中选择【文件】|【置入嵌入对象】命令,在弹出的对话框中选择"素材\Cha01\29.jpg"素材文件,单击【置入】按钮,按Enter键完成置入,并调整其位置,效果如图1-128所示。

图1-128

Step 03 在【图层】面板中选择29图层,单击【添加图层蒙版】按钮,在工作区中单击【画笔工具】,将前景色设置为黑色,在工作区中对人物进行涂抹,效果如图1-129所示。

图1-129

Step 04 选择29图层右侧的图层蒙版，按Ctrl+I组合键进行反相，如图1-130所示。

图1-130

Step 05 选择29图层，按Ctrl+M组合键，在弹出的对话框中添加一个编辑点，将【输出】、【输入】分别设置为152、180，如图1-131所示。

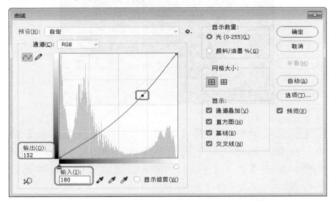

图1-131

Step 06 设置完成后，单击【确定】按钮，完成后的效果如图1-132所示。

图1-132

实例 033 快速蒙版

◉ 素材：30.jpg
◉ 场景：快速蒙版.psd

Step 01 打开"素材\Cha01\30.jpg"素材文件，如图1-133所示。

图1-133

Step 02 在工具箱中将【前景色】设置为黑色，单击【以快速蒙版模式编辑】按钮□，进入到快速蒙版编辑状态，在工具箱中选择【画笔工具】☑，在工具选项栏中选择一个硬笔触，将【大小】设置为7像素，并在工具选项栏中将【不透明度】、【流量】均设置为100%，沿着对象的边缘进行涂抹选取，如图1-134所示。

图1-134

Step 03 涂抹完成后，选择工具箱中的【油漆桶工具】☑，将前景色设置为黑色，在选取的区域内进行单击填充，使蒙版覆盖整个需要的对象，如图1-135所示。

图1-135

Step 04 单击工具箱中的【以标准模式编辑】按钮□，退出快速蒙版模式，未涂抹部分变为选区，按Ctrl+Shift+I组合键反选，如图1-136所示。

图1-136

Step 05 按Ctrl+J组合键拷贝图层，在【图层】面板中双击【图层 1】图层，在弹出的【图层样式】对话框中勾选【投影】复选框，将【阴影颜色】的颜色值设置为#000000，将【不透明度】设置为89%，勾选【使用全局光】复选框，将【角度】设置为30度，将【距离】、【扩展】、【大小】分别设置为6像素、0%、23像素，如图1-137所示。

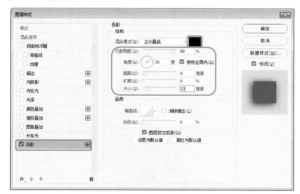

图1-137

Step 06 设置完成后，单击【确定】按钮，在工具箱中单击【移动工具】 ，在工作区中调整对象的位置，效果如图1-138所示。

图1-138

实例 **034** 剪贴蒙版

⊙ 素材：31.psd、32.png
⊙ 场景：剪贴蒙版.psd

Step 01 打开"素材\Cha01\31.psd"素材文件，如图1-139所示。

图1-139

Step 02 在菜单栏中选择【文件】|【置入嵌入对象】命令，在弹出的对话框中选择"素材\Cha01\32.png"素材文件，单击【置入】按钮，按Enter键完成置入，并调整其位置，效果如图1-140所示。

图1-140

Step 03 在【图层】面板中选择【背景】图层，按Ctrl+J组合键，将【背景 拷贝】图层调整至32图层的上方，在【背景 拷贝】图层上右击鼠标，在弹出的快捷菜单中选择【创建剪贴蒙版】命令，如图1-141所示。

图1-141

⊙提示·⊙

除了可以通过选择【创建剪贴蒙版】命令创建剪贴蒙版外，还可以在【图层】面板中要创建剪贴蒙版的两个图层中间按住Alt键单击鼠标，同样可以创建剪贴蒙版。

Step 04 在【图层】面板中选择32图层，按Ctrl+J组合键拷贝图层，将32图层调整至【背景 拷贝】图层的上方，并将32图层的【不透明度】设置为50%，如图1-142所示。

图1-142

实例 035 矢量蒙版

◉ 素材：33.psd
◉ 场景：矢量蒙版.psd

Step 01 打开"素材\Cha01\33.psd"素材文件，如图1-143所示。

图1-143

Step 02 在【图层】面板中选择【图层 1】图层，单击【添加图层蒙版】按钮 ◫，在工具箱中单击【渐变工具】 ▣，在工具选项栏中将渐变颜色设置为【黑，白渐变】，在工作区中拖动鼠标填充图层蒙版，效果如图1-144所示。

图1-144

Step 03 在工具箱中单击【椭圆工具】 ◯，在工具选项栏中将【工具模式】设置为【路径】，在工作区中绘制一个椭圆形，效果如图1-145所示。

图1-145

Step 04 在菜单栏中选择【图层】|【矢量蒙版】|【当前路径】命令。

Step 05 执行该操作后，即可创建矢量蒙版，效果如图1-146所示。

图1-146

◉提示·◦

　　图层蒙版和剪贴蒙版都是基于像素产生的蒙版，而矢量蒙版则是基于矢量对象的蒙版，它是通过路径和矢量形状来控制图像显示区域的，为图层添加矢量蒙版后，【路径】面板中会自动生成一个矢量蒙版路径，编辑矢量蒙版时需要使用绘图工具。

　　矢量蒙版与分辨率无关，因此，在进行缩放、旋转、扭曲等变换和变形操作时不会产生锯齿，但这种类型的蒙版只能定义清晰的轮廓，无法创建类似图层蒙版那种淡入淡出的遮罩效果。在Photoshop中，一个图层可以同时添加一个图层蒙版和一个矢量蒙版，矢量蒙版显示为灰色图标，并且总是位于图层蒙版之后。

第**2**章 图像处理技法

 本章导读...

本章主要介绍了如何对图像进行编辑和处理，读者从中可以了解到图层、通道以及滤镜的简单使用方法。下面通过实例来学习掌握图像的处理技巧。

实例 036 虚化背景内容

◉ 素材：素材1.jpg
◉ 场景：虚化背景内容.psd

Step 01 按Ctrl+O组合键，打开"素材\Cha02\素材1.jpg"素材文件，如图2-1所示。

图2-1

Step 02 按Ctrl+J组合键复制图层，在菜单栏中选择【滤镜】|【模糊】|【高斯模糊】命令，弹出【高斯模糊】对话框，将【半径】设置为2像素，单击【确定】按钮，如图2-2所示。

图2-2

Step 03 单击【图层】面板底部的【添加图层蒙版】按钮 ◻️，添加图层蒙版后的效果如图2-3所示。

图2-3

Step 04 将前景色设置为黑色，在工具箱中单击【画笔工具】按钮 ✎，在工具属性栏中单击打开【画笔预设】选取器，在画笔预设选区器中选择一种柔边缘画笔，设置画笔【大小】为20像素，设置【硬度】为0%，如图2-4所示。

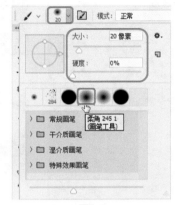

图2-4

Step 05 设置完成后，在画面中人物身体处按住鼠标左键进行涂抹，如图2-5所示。

图2-5

Step 06 使用Ctrl+Shift+Alt+E组合键，将图层进行盖印，选择盖印后的图层，在菜单栏中选择【滤镜】|【模糊】|【高斯模糊】命令，在弹出的【高斯模糊】对话框中设置【半径】为10像素，如图2-6所示。

Step 07 单击【确定】按钮，强化景深效果后的效果如图2-7所示。

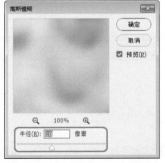

图2-6　　　　　　　　　　图2-7

Step 08 再次单击【图层】面板底部的【添加图层蒙版】按钮 ◻️，为盖印的图层添加图层蒙版。将前景色设置

Photoshop图像处理+网店美工+特效制作 完全实训手册

为黑色，然后选择工具箱中的【画笔工具】，在选项栏中选择合适的画笔大小，然后在人物身上以及周围进行涂抹，效果如图2-8所示。

图2-8

实例 037 卡通网络头像

◉ 素材：素材2.jpg、素材3.png、素材4.png
◉ 场景：卡通网络头像.psd

Step 01 在菜单栏中选择【文件】|【新建】命令，在弹出的【新建文档】对话框中设置【宽度】、【高度】均为1500像素，将【分辨率】设置为300像素/英寸，【颜色模式】设置为【RGB颜色/8位】，单击【创建】按钮，如图2-9所示。

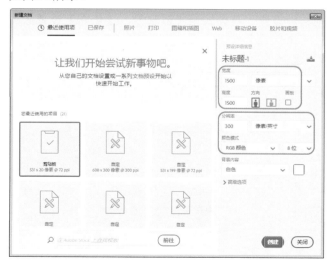
图2-9

Step 02 将前景色设置为#fd6791，按Alt+Delete组合键填充前景色，如图2-10所示。

Step 03 在菜单栏中选择【文件】|【置入嵌入对象】命令，选择"素材\Cha02\素材2.jpg"素材文件，单击【置入】按钮，调整素材的大小及位置，在菜单栏中选择【图层】|【栅格化】|【智能对象】命令，将图层栅格化，效果如图2-11所示。

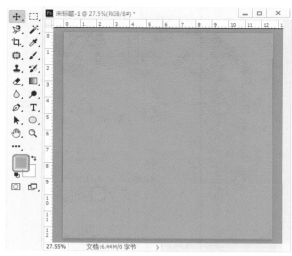
图2-10

图2-11

Step 04 在工具箱中单击【椭圆选框工具】按钮，按住Shift键并按住鼠标左键拖曳绘制一个正圆形选区，如图2-12所示。

图2-12

Step 05 在【图层】面板底部单击【添加图层蒙版】按钮 ▢，基于选区为该图层添加蒙版，如图2-13所示。

Step 06 新建【腮红】图层，在工具箱中单击【椭圆选框工具】按钮，在选项栏中设置【羽化】为5像素，在左脸位置按住鼠标左键拖曳绘制一个椭圆选区，适当地对选区进行旋转，如图2-14所示。

图2-13

图2-14

⊙提示·◦

在菜单栏中选择【选择】|【变换选区】命令，可对绘制的椭圆选区进行旋转变换。

Step 07 将前景色设置为#fabcbb，使用Alt+Delete组合键进行填充，按Ctrl+D组合键取消选区，如图2-15所示。

Step 08 将前景色设置为白色，在工具箱中单击【画笔工具】按钮 ✐，在工具选项栏中单击打开【画笔预设】选取器，在画笔预设选取器中选择一个柔边缘画笔笔尖，设置画笔【大小】为5像素，如图2-16所示。

图2-15   图2-16

Step 09 在腮红的左上角绘制高光，如图2-17所示。

Step 10 选择腮红图层，按Ctrl+J组合键进行复制，然后将复制的腮红移动到右脸处，如图2-18所示。

图2-17   图2-18

Step 11 在菜单栏中选择【编辑】|【变换】|【水平翻转】命令，将右脸处的腮红水平翻转，如图2-19所示。

图2-19

Step 12 选择工具箱中的【钢笔工具】按钮，在工具选项栏中设置工具模式为【形状】，【填充】设置为黄色，【描边】设置为无，在画面的右侧绘制三角形，如图2-20所示。

图2-20

Step 13 在黄色三角形侧面绘制一个不规则三角形，将【填充】设置为# ffcc66，使其看起来像是黄色三角形的暗面，如图2-21所示。

Step 14 按住Ctrl键加选两个三角形图层，然后使用Ctrl+J组合键进行复制，按Ctrl+T组合键调出界定框，然后适当进行旋转，如图2-21所示。

图2-21　　　　　　　　　图2-22

Step 15 在菜单栏中选择【文件】|【置入嵌入对象】命令，分别选择"素材\Cha02\素材3.png、素材4.png"素材文件，单击【置入】按钮，调整对象的大小及位置，效果如图2-23所示。

图2-23

实例 **038** 美化人物图像

⊚ 素材：素材5.jpg
⊚ 场景：美化人物图像.psd

Step 01 按Ctrl+O组合键，打开"素材\Cha02\素材5.jpg"素材文件，如图2-24所示。

图2-24

Step 02 在【图层】面板中选择【背景】图层，右击鼠标，在弹出的快捷菜单中选择【转换为智能对象】命

令，如图2-25所示。

图2-25

Step 03 在菜单栏中选择【滤镜】|【液化】命令，在弹出的【液化】对话框中单击【脸部工具】，如图2-26所示。

图2-26

◎提示·◎

　　单击【脸部工具】后，当照片中有多个人时，照片中的人脸会被自动识别，且其中一个人脸会被选中。被识别的人脸会列在【人脸识别液化】选项组中的【选择脸部】菜单中罗列出来。可以通过在画布上单击人脸或从弹出菜单中选择人脸来选择不同的人脸进行操作。

Step 04 在【人脸识别液化】选项组中将【眼睛】下的【眼睛高度】设置为100，将【鼻子】下的【鼻子高度】设置为100，如图2-27所示。

Step 05 再在该对话框中将【嘴唇】下的【微笑】设置为100，【嘴唇宽度】、【嘴唇高度】分别设置为44、35，将【脸部形状】下的【前额】、【下巴高度】、【下颌】、【脸部宽度】分别设置为-100、100、-48、-5，如图2-28所示。

图2-27

图2-28

Step 06 设置完成后，单击【确定】按钮，即可完成对人物脸部的修整，修整后的效果如图2-29所示。

图2-29

实例 039 云彩

● 素材：素材6.jpg
● 场景：云彩.psd

Step 01 按Ctrl+O组合键，打开"素材\Cha02\素材6.jpg"

素材文件，如图2-30所示。

图2-30

Step 02 将【前景色】的RGB值设置为255、255、255，将【背景色】的RGB值设置为0、0、0，在【图层】面板中单击【新建图层】按钮，新建一个图层，将其命名为"云彩"，按Ctrl+Delete组合键填充背景色，如图2-31所示。

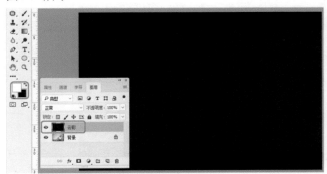

图2-31

Step 03 在菜单栏中选择【滤镜】|【渲染】|【分层云彩】命令，如图2-32所示。

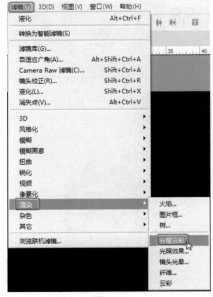

图2-32

Step 04 继续选中【云彩】图层，按Alt+Ctrl+F组合键，再次添加【分层云彩】滤镜效果，如图2-33所示。

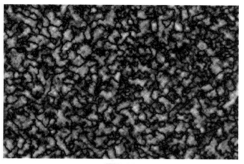

图2-33

Step 05 按Ctrl+L组合键，在弹出的对话框中设置【色阶】参数，如图2-34所示。

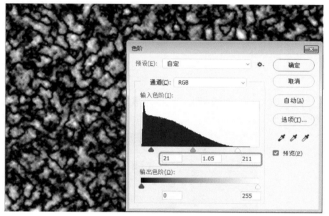

图2-34

◎提示·◎

　　因为【分层云彩】滤镜是随机生成云彩的值，每次应用的滤镜效果都不同，所以，在此不详细介绍【色阶】的参数，用户可以根据需要自行进行设置。

Step 06 调整完成后，单击【确定】按钮，在【图层】面板中选择【云彩】图层，将【混合模式】设置为【滤色】，效果如图2-35所示。

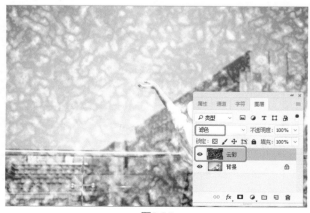

图2-35

Step 07 在工具箱中单击【多边形套索工具】，在工作区中选取天空区域，效果如图2-36所示。

图2-36

Step 08 按Shift+F6组合键，在弹出的对话框中将【羽化半径】设置为50，如图2-37所示。

图2-37

Step 09 在【图层】面板中单击【添加图层蒙版】按钮，添加一个图层蒙版，选择【云彩】图层，将【不透明度】设置为59%，按Ctrl+T组合键，在工作区中调整该图层的大小，并调整其位置，效果如图2-38所示。

图2-38

Step 10 操作完成后，按Enter键完成调整，在【图层】面板中新建一个图层，将其命名为"镜头光晕"，按Ctrl+Delete组合键填充背景色，如图2-39所示。

图2-39

Step 11 在菜单栏中选择【滤镜】|【渲染】|【镜头光晕】命令，如图2-40所示。

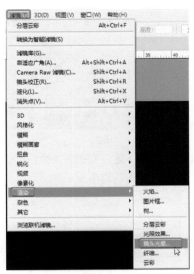

图2-40

Step 12 执行该操作后，在弹出的对话框中调整光晕的位置，选中【50-300毫米变焦】单选按钮，如图2-41所示。

图2-41

Step 13 设置完成后，单击【确定】按钮，在【图层】面板中选择【镜头光晕】图层，将其【混合模式】设置为【滤色】，如图2-42所示。

图2-42

Step 14 设置完成后，即可完成云彩与镜头光晕效果的添

加，效果如图2-43所示。

图2-43

实例 **040** 涂鸦墙

⊙ 素材：素材7.jpg～素材9.jpg
⊙ 场景：涂鸦墙.psd

Step 01 按Ctrl+O组合键，打开"素材\Cha02\素材7.jpg"素材文件，如图2-44所示。

图2-44

Step 02 在菜单栏中选择【图层】|【新建调整图层】|【阈值】命令，弹出【新建图层】对话框，保持默认设置，单击【确定】按钮，在弹出的【属性】面板中将【阈值色阶】设置为80，如图2-45所示。

图2-45

Step 03 使用【横排文字工具】在画面的左下角添加文字Color，将【字体】设置为Blackadder ITC，【字体大小】设置为72点，【垂直缩放】设置为110%，如图2-46所示。

图2-46

Step 04 在菜单栏中选择【文件】|【置入嵌入对象】命令，选择"素材\Cha02\素材8.jpg"素材文件，单击【置入】按钮，调整素材的大小及位置，在菜单栏中选择【图层】|【栅格化】|【智能对象】命令，将图层栅格化，如图2-47所示。

图2-47

Step 05 在【图层】面板中将【混合模式】设置为【滤色】，此时人物的黑色部分和文字部分表面呈现出水彩效果，如图2-48所示。

图2-48

Step 06 在菜单栏中选择【文件】|【置入嵌入对象】命令，选择"素材\Cha02\素材9.jpg"素材文件，单击【置入】按钮，调整素材的大小及位置，在菜单栏中选择

【图层】|【栅格化】|【智能对象】命令，将图层栅格化，在【图层】面板中将【混合模式】设置为【正片叠底】，设置完成后，图像呈现出涂鸦墙效果如图2-49所示。

图2-49

实例 041 神奇放大镜

◉ 素材：素材10.jpg、放大镜.psd
◉ 场景：神奇放大镜.psd

Step 01 按Ctrl+O组合键，打开"素材\Cha02\素材10.jpg"素材文件，如图2-50所示。

Step 02 选择背景层，按Ctrl+J组合键复制图层，在菜单栏中选择【图像】|【调整】|【去色】命令，然后再次复制去色后的图层，如图2-51所示。

图2-50

图2-51

Step 03 选择【图层1 拷贝】图层，按
Ctrl+I组合键反相，如图2-52所示。

Step 04 在【图层】面板中将该图层
的【混合模式】设置为【颜色减
淡】，如图2-53所示，此时照片会
变为白色。

Step 05 再在菜单栏中选择【滤镜】|
【其他】|【最小值】命令，在弹出
的【最小值】对话框中将【半径】
设置为5像素，单击【确定】按
钮，如图2-54所示。

图2-52

图2-53

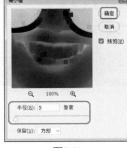

图2-54

Step 06 按住Ctrl键将【图层1】和【图层1 拷贝】图层选
中，按Ctrl+E组合键合并图层，如图2-55所示。

Step 07 选中合并后的图层，选择菜单栏中的【滤镜】|【杂
色】|【添加杂色】命令，在弹出的【添加杂色】对话框
中将【数量】设置为10%，单击【确定】按钮，如图2-56
所示。

图2-55

图2-56

Step 08 在菜单栏中选择【滤镜】|【模糊】|【动感模糊】
命令，在弹出的【动感模糊】对话框中将【角度】设
置为43度，将【距离】设置为5像素，单击【确定】按
钮，如图2-57所示。

Step 09 打开"素材\Cha02\放大镜.psd"素材文件，按住
Ctrl键选中【镜片】图层和【镜框】图层，右击鼠标，
在弹出的快捷菜单中选择【链接图层】命令，如图2-58
所示。

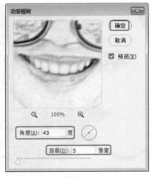

图2-57

图2-58

Step 10 使用【移动工具】，将"放大镜.psd"拖动至
"素材10.jpg"素材文件中，单击【图层】面板右侧的
【指定图层部分锁定】按钮 🔒 来解锁背景图层，然后将
其拖动至【镜片】图层的上方，如图2-59所示。

Step 11 然后再将【镜框】图层移动至背景图层上方，如
图2-60所示。

图2-59

图2-60

Step 12 按住Alt键在人物图层和【镜片】图层之间单击鼠
标，创建剪贴蒙版，如图2-61所示。

图2-61

Step 13 用鼠标移动放大镜就可以看到下方的彩色人物，
如图2-62所示。

Photoshop图像处理+网店美工+特效制作 完全实训手册

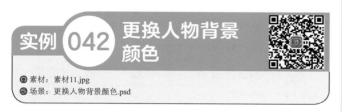

图2-62

实例 042 更换人物背景颜色

◎ 素材：素材11.jpg
◎ 场景：更换人物背景颜色.psd

Step 01 按Ctrl+O组合键，打开"素材\Cha02\素材11.jpg"素材文件，如图2-63所示。

Step 02 在工具箱中选择【魔棒工具】，然后在打开的素材图片中，拖动鼠标选择除人物以外的区域，如图2-64所示。

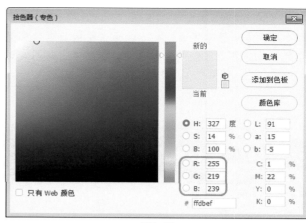

图2-65

图2-66

图2-67

Step 06 合并专色通道后的效果如图2-68所示。

图2-63　　　　图2-64

Step 03 打开【通道】面板，按住Ctrl键的同时单击【创建新通道】按钮，创建一个专色通道，在弹出的对话框中单击【油墨特性】选项组中【颜色】右侧的色块，在弹出的【拾色器（专色）】对话框中将RGB值设置为255、219、239，如图2-65所示。

Step 04 单击【确定】按钮，返回【创建专色通道】对话框，将【密度】设置为50%，如图2-66所示。

Step 05 单击【确定】按钮，然后在【通道】面板中单击右上角的 ≡ 按钮，在弹出的下拉菜单中选择【合并专色通道】命令，如图2-67所示。

图2-68

实例 043 运动效果

◎ 素材：素材\Cha02\素材12.jpg
◎ 场景：场景\Cha02\运动效果.psd

Step 01 启动Photoshop，按Ctrl+O组合键，弹出【打开】对话框，打开"素材\Cha02\素材12.jpg"素材文件，然后单击【打开】按钮，如图2-69所示。

图2-69

Step 02 选择【磁性套索工具】，对汽车绘制选区，如图2-70所示。

图2-70

Step 03 打开图层面板，按Ctrl+J组合键，对选区进行复制，如图2-71所示。

Step 04 选择【背景】图层，在菜单栏中选择【滤镜】|【模糊】|【动感模糊】命令，弹出【动感模糊】对话框，将【角度】设置为17度，将【距离】设置为20像素，然后单击【确定】按钮，如图2-72所示。

图2-71　　　　　　　　　图2-72

Step 05 在菜单栏中选择【文件】|【存储为】命令，弹出【另存为】对话框，设置正确的保存路径及格式，单击【保存】按钮，如图2-73所示。

图2-73

Step 06 弹出提示对话框，单击【确定】按钮即可，如图2-74所示。

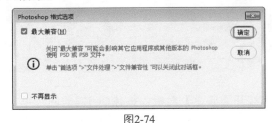

图2-74

实例 044 素描图像效果

◎ 素材：素材13.jpg
◎ 场景：素描图像效果.psd

Step 01 启动Photoshop，按Ctrl+O组合键，弹出【打开】

对话框，打开"素材\Cha02\素材13.jpg"素材文件，然后单击【打开】按钮，如图2-75所示。

Step 02 执行【图像】|【调整】|【去色】命令，对图像进行去色，如图2-76所示。

图2-75　　　　　　　　　　图2-76

Step 03 选择【背景】图层，按两次Ctrl+J组合键，选择【图层1拷贝】图层，按Ctrl+I组合键，并将该图层的【混合模式】设置为【颜色减淡】，如图2-77所示。

（◎提示·◦）

　　素描是一种用单色或少量色彩绘画材料描绘生活中所见真实事物的绘画形式，其使用材料有干性与湿性两大类，其中干性材料有：铅笔、碳笔、粉笔、粉彩笔、蜡笔、碳精笔、银笔等，而湿性材料有：水墨、钢笔、签字笔、苇笔、翮笔、竹笔、圆珠笔等。习惯上素描是以单色画为主，但在美术辞典中，水彩画也属于素描。

Step 04 继续选择【图层1拷贝】图层，在菜单栏中选择【滤镜】|【其他】|【最小值】命令，弹出【最小值】对话框，将【半径】设置为10像素，将【保留】设置为【方形】，如图2-78所示。

 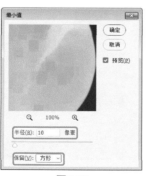

图2-77　　　　　　　　　　图2-78

（◎提示·◦）

　　在指定半径内，【最大值】和【最小值】滤镜用周围像素的最高或最低亮度值替换当前像素的亮度值。

Step 05 确认选择【图层1拷贝】图层，双击该图层，在弹出的【图层样式】对话框中选择【混合选项】的【下一图层】，按住Alt键拖动至110处，如图2-79所示。

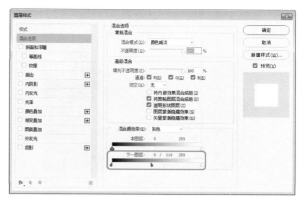

图2-79

Step 06 执行【滤镜】|【杂色】|【添加杂色】命令，弹出【添加杂色】对话框，将【数量】设置为20%，将【分布】设置为【平均分布】，如图2-80所示。

Step 07 执行【滤镜】|【模糊】|【动感模糊】命令，弹出【动感模糊】对话框，将【角度】设置为45度，将【距离】设置为30像素，然后单击【确定】按钮，如图2-81所示。

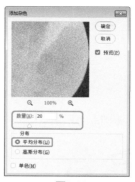 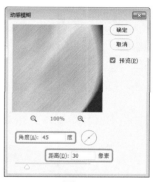

图2-80　　　　　　　　　　图2-81

Step 08 最终效果如图2-82所示。

图2-82

实例 **045** 彩虹特效

◎ 素材：素材14.jpg
◎ 场景：彩虹特效.psd

Step 01 按Ctrl+O组合键，打开"素材\Cha02\素材

14.jpg"素材文件，如图2-83所示。

图2-83

Step 02 新建【彩虹】图层，在工具箱中选择【渐变工具】，在【工具选项栏】中单击【渐变工具】右侧的下三角按钮，在弹出的列表中选择【罗素彩虹】，将【渐变模式】设置为【径向渐变】，将【模式】设置为【正常】，将【不透明度】设置为100%，如图2-84所示。

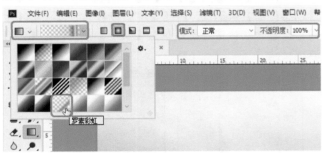

图2-84

Step 03 拖动鼠标绘制彩虹轮廓，如图2-85所示。

图2-85

Step 04 按Ctrl+T组合键，对彩虹进行调整位置和大小，如图2-86所示。

图2-86

Step 05 在工具箱中选择【橡皮擦工具】，选择一种柔边

画笔，调整至合适的大小，在工具选项栏中将【不透明度】设置为100%，在图像的下方进行涂抹，如图2-87所示。

图2-87

Step 06 继续选择【橡皮擦工具】，在工具选项栏中将【不透明度】设置为40%，对彩虹的左右两端进行涂抹，如图2-88所示。

图2-88

Step 07 打开【图层】面板，选择【彩虹】图层，将其【混合模式】设置为【叠加】，如图2-89所示。

图2-89

实例 **046** 栅格图像

⊙ 素材：素材15.jpg
⊞ 场景：栅格图像.psd

Step 01 按Ctrl+O组合键，打开"素材\Cha02\素材

Photoshop图像处理+网店美工+特效制作 完全实训手册

15.jpg"素材文件，然后单击【打开】按钮，如图2-90所示。

图2-90

Step 02 选择【背景】图层，按Ctrl+J组合键，复制出【图层1】，选择【图层1】,在菜单栏中选择【滤镜】|【模糊】|【动感模糊】命令，在弹出的【动感模糊】对话框中将【角度】设置为0度，将距离设置为60像素，如图2-91所示。

Step 03 单击【确定】按钮打开【通道】面板，单击【创建新通道】按钮，创建Alpha1通道，如图2-92所示。

图2-91

图2-92

Step 04 按Ctrl+N组合键，弹出【新建文档】对话框，将【宽度】和【高度】均设置为600像素，将【分辨率】设置为300像素/英寸，单击【创建】按钮，如图2-93所示。

图2-93

Step 05 在工具箱中选择【缩放工具】，多次单击鼠标左键，将文档进行放大直到无法放大为止，使用【矩形选框工具】绘制选区，并填充黑色，如图2-94所示。

◎提示·◦
可以通过数方格的方式来绘制选区。

Step 06 按Ctrl+D组合键取消选区，选择【矩形选框工具】，在如图2-95所示的位置创建矩形选区。

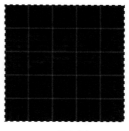　

图2-94　　　　　　　　图2-95

Step 07 在菜单栏中选择【编辑】|【定义图案】命令，弹出【图案名称】对话框，将【名称】设置为"方格"，单击【确定】按钮，如图2-96所示。

图2-96

Step 08 返回到操作"素材15.jpg"文档中，打开【通道】面板，选择Alpha1通道，并将其他通道显示，在菜单栏中选择【编辑】|【填充】命令，弹出【填充】对话框，将【内容】设置为【图案】，将图案设为上一步定义的图案，将【模式】设置为【正常】，将【不透明度】设置为100%，单击【确定】按钮，如图2-97所示。

图2-97

Step 09 按Ctrl键单击Alpha1通道的缩略图，将其载入选区，返回到【图层】面板选择【图层1】，按Delete键，将选区内容删除，按Ctrl+D组合键取消选择，如图2-98所示。

Step 10 打开【图层】面板，选择【图层1】，将图层【混合模式】设置为【强光】，如图2-99所示。

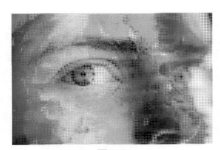

图2-98

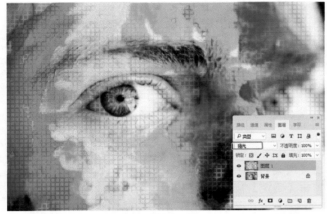

图2-99

图2-101

Step 03 将【图层1】的【不透明度】设置为75%，在工具箱中选择【橡皮擦工具】，在工具选项栏中打开【画笔预设】选取器，将【大小】设置为1000，将【硬度】设置为0，将笔触设置为【柔边圆压力不透明度】，将【不透明度】设置为40%，在图像的近景部分进行涂抹，提高透明度，然后将【不透明度】设置为10%，在图像的远景部分进行涂抹，效果如图2-102所示。对完成后的场景进行保存即可。

实例 **047** 朦胧风景效果

◉ 素材：素材16.jpg
◉ 场景：朦胧风景效果.psd

Step 01 启动软件后，在菜单栏中选择【文件】|【打开】命令，弹出【打开】对话框，在该对话框中选择"素材\Cha02\素材16.jpg"素材文件，如图2-100所示。

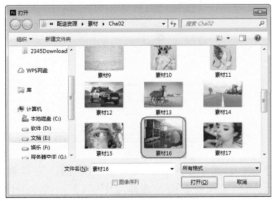

图2-100

Step 02 选择【背景】图层，然后单击【创建新图层】按钮，新建【图层1】，将【前景色】设置为白色，按Alt+Delete组合键为【图层1】填充白色，在【图层】面

图2-102

实例 **048** 彩色版画效果

◉ 素材：素材17.jpg
◉ 场景：彩色版画效果.psd

Step 01 启动软件后，按Ctrl+O组合键，打开"素材\Cha02\素材17.jpg"素材文件，在【图层】面板中选择【背景】图层，将其拖曳至【创建新图层】按钮上，然后松开鼠标即可复制该图层，再次执行该操作复制图层，完成后的效果如图2-103所示。

Step 02 将【背景 拷贝2】图层隐藏显示，选择【背景 拷贝】图层，单击【创建新的填充或调整图层】按钮，在弹出的下拉菜单中选择【色调分离】命令，在弹出的面板中将【色阶】设置为10，如图2-104所示。

Photoshop图像处理+网店美工+特效制作 完全实训手册

图2-103   图2-104

图2-107

Step 03 将该面板关闭，将【背景 拷贝2】图层显示并选择该图层，在菜单栏中选择【滤镜】|【风格化】|【查找边缘】命令，查找边缘的效果如图2-105所示。

图2-105

Step 04 在菜单栏中选择【滤镜】|【杂色】|【减少杂色】命令，弹出【减少杂色】对话框，将【强度】设置为10，将【保留细节】设置为0%，将【减少杂色】设置为100%，将【锐化细节】设置为0%，如图2-106所示。

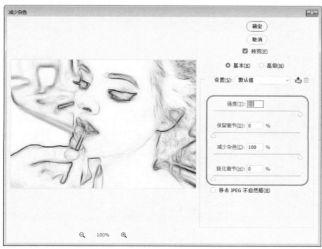

图2-106

Step 05 在【图层】面板中将该图层的【混合模式】设置为【叠加】，至此彩色版画效果就制作完成了，效果如图2-107所示。

实例 **049** 动感雪花

◉ 素材：素材18.jpg
◉ 场景：动感雪花.psd

Step 01 启动Photoshop软件，按Ctrl+O组合键，打开"素材\Cha02\素材18.jpg"素材文件，将【背景】图层拖曳到面板底端的 按钮上，复制图层，如图2-108所示。

图2-108

Step 02 选择菜单栏中的【滤镜】|【像素化】|【点状化】命令，在弹出的【点状化】对话框中将【单元格大小】设置为10，设置完成后单击【确定】按钮，如图2-109所示。

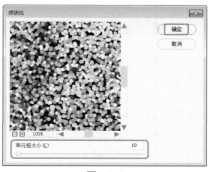

图2-109

Step 03 设置完点状化后的效果如图2-110所示。

图2-110

Step 04 选择菜单栏中的【图像】|【调整】|【阈值】命令，在弹出的【阈值】对话框中将【阈值色阶】设置为1，设置完成后单击【确定】按钮，如图2-111所示。

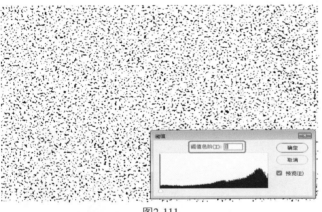

图2-111

Step 05 设置完阈值后，按Ctrl+I组合键执行反相命令，如图2-112所示。

图2-112

Step 06 在【图层】面板中将【背景 拷贝】图层的【混合模式】设置为【滤色】，效果如图2-113所示。

Step 07 选择菜单栏中的【滤镜】|【模糊】|【动感模糊】命令，在弹出的【动感模糊】对话框中将【角度】设置为68度，将【距离】设置为16像素，设置完成后单击【确定】按钮，如图2-114所示。

Step 08 执行【动感模糊】命令后的效果如图2-115所示。

图2-113

图2-114

图2-115

Step 09 按Ctrl+T组合键打开自由变换框，在工具选项栏中单击 ∞ 按钮，将W参数设置为105%，并移动图层的位置，按Enter键确定操作，如图2-116所示。

图2-116

Step 10 在【图层】面板中将【背景 拷贝】图层拖曳至面板底端的 ◻ 按钮上，复制一个新的图层，并对新复制的图层进行调整，使其产生错落的雪花效果，如图2-117所示。

图2-117

Step 11 同样在【图层】面板中复制【背景 拷贝2】图层，并调整它的位置，效果如图2-118所示。

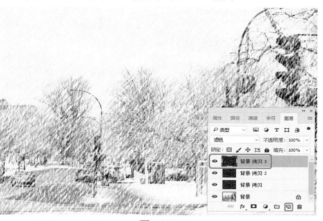

图2-118

Step 12 选择菜单栏中的【窗口】|【时间轴】命令，在弹出的【时间轴】面板中单击【创建视频时间轴】按钮，如图2-119所示。

图2-119

Step 13 在弹出的【时间轴】面板中单击左下角的 ▣▣▣ 按钮，如图2-120所示。

图2-120

Step 14 在【时间轴】面板中确定第1帧处于选择状态，单击面板底端的 🗂 按钮2次，复制选择的帧，如图2-121所示。

图2-121

Step 15 在【帧动画】面板中选择第1帧，在【图层】面板中将【背景 拷贝2】和【背景 拷贝3】隐藏，然后在【帧动画】面板中将第1帧的帧延迟时间设置为0.2秒，如图2-122所示。

图2-122

Step 16 选择【帧动画】面板中的第2帧，在【图层】面板中将【背景 拷贝】和【背景 拷贝3】隐藏，在【帧动画】面板中将第2帧的帧延迟时间设置为0.2秒，如图2-123所示。

Step 17 选择【帧动画】面板中的第3帧，在【图层】面板中将【背景 拷贝】和【背景 拷贝2】隐藏，在【动画】面板中将第3帧的帧延迟时间设置为0.2秒，如图2-124所示。

图2-123

图2-124

Step 18 在【帧动画】面板中将【循环选项】定义为【永远】，如图2-125所示。

图2-125

⊙提示·•

在【时间轴】面板中单击【播放动画】按钮 ▶ 可以观察效果。

Step 19 在菜单栏中选择【文件】|【导出】|【存储为Web所用格式（旧版）】命令，在弹出的对话框中将【保存格式】定义为GIF，单击【存储】按钮，如图2-126所示。

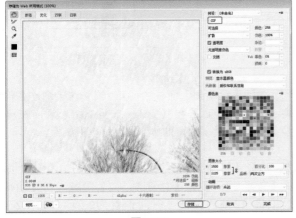

图2-126

Step 20 在弹出的对话框中选择保存路径，为文件命名，单击【保存】按钮，如图2-127所示。

图2-127

Step 21 在弹出的对话框中单击【确定】按钮，将动画渲染输出，如图2-128所示。

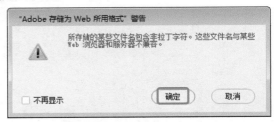

图2-128

Step 22 最后将制作完成后的场景文件保存。按Ctrl+S组合键打开【另存为】对话框，在该对话框中选择存储路径，为文件命名，并将其格式定义为PSD，单击【保存】按钮，如图2-129所示。

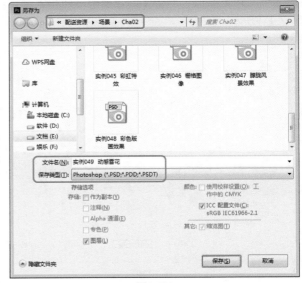

图2-129

实例 050 纹理效果

- 素材：素材19.jpg
- 场景：纹理效果.psd

Step 01 按Ctrl+O组合键，打开"素材\Cha02\素材19.jpg"素材文件，如图2-130所示。

Step 02 在菜单栏中选择【滤镜】|【滤镜库】命令，如图2-131所示。

图2-130　　　　　　　图2-131

Step 03 在弹出的对话框中选择【纹理】下的【龟裂缝】滤镜，将【裂缝间距】、【裂缝深度】、【裂缝亮度】分别设置为22、10、10，如图2-132所示。

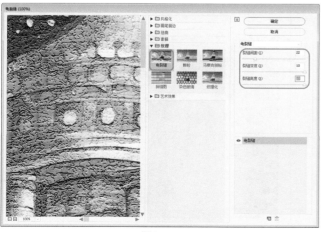

图2-132

Step 04 设置完成后，单击【确定】按钮，即可为该图像应用【龟裂缝】滤镜效果，如图2-133所示。

图2-133

实例 051 油画效果

- 素材：素材20.jpg
- 场景：油画效果.psd

Step 01 按Ctrl+O组合键，打开"素材\Cha02\素材20.jpg"素材文件，在【图层】面板中将【背景】图层拖曳至面板底端的 按钮上，复制图层，如图2-134所示。

图2-134

Step 02 选择菜单栏中的【滤镜】|【滤镜库】命令，在弹出的对话框中选择【艺术效果】|【水彩】命令，并将对话框中的【画笔细节】、【阴影强度】和【纹理】分别设置为10、0、3，设置完成后单击【确定】按钮，如图2-135所示。

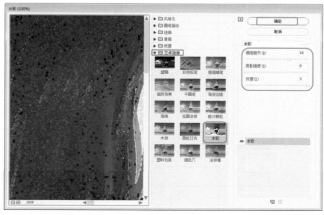

图2-135

Step 03 执行完水彩命令后的效果如图2-136所示。

图2-136

Step 04 选择菜单栏中的【滤镜】|【模糊】|【特殊模糊】命令，在弹出的【特殊模糊】对话框中将【半径】和【阈值】均设置为100，将【品质】设置为【高】，然后单击【确定】按钮，如图2-137所示。

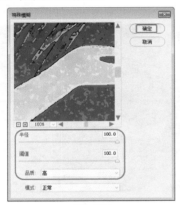

图2-137

Step 05 按Ctrl+M组合键，在弹出的【曲线】对话框中将【输出】、【输入】分别设置为140、120，单击【确定】按钮，如图2-138所示。

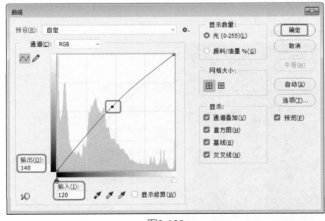

图2-138

Step 06 至此，油画效果就制作完成了，将制作完成后的场景文件和效果进行存储即可。

> **提示**
>
> 【特殊模糊】滤镜提供了【半径】、【阈值】和模糊【品质】等设置选项，可以更加精确地模糊图像。

实例 052 镜头校正图像

- 素材：素材21.jpg
- 场景：镜头校正图像.psd

Step 01 按Ctrl+O组合键，在弹出的对话框中打开"素材\Cha02\素材21.jpg"素材文件，如图2-139所示。

图2-139

Step 02 在菜单栏中选择【滤镜】|【镜头校正】命令，此时会弹出【镜头校正】对话框，其中左侧是工具栏，中间部分是预览窗口，右侧是参数设置区域，在【镜头校正】对话框中将【相机制造商】设置为Canon，勾选【晕影】复选框，如图2-140所示。

图2-140

Step 03 再在该对话框中切换到【自定】选项卡，将【移去扭曲】设置为39，将【垂直透视】、【水平透视】分别设置为-13、28，将【角度】设置为10°，将【比例】设置为100%，如图2-141所示。

图2-141

Step 04 设置完成后，单击【确定】按钮，即可完成对素材文件的校正，对比效果如图2-142所示。

图2-142

◎提示·◦

　　用户除了可以通过【自定】选项卡中的参数进行设置外，还可以通过左侧工具栏中的各个工具进行调整。

实例 **053** 光照效果

◎素材：素材22.jpg
◎场景：光照效果.psd

Step 01 按Ctrl+O组合键，打开"素材\Cha02\素材22.jpg"素材文件，如图2-143所示。

图2-143

Step 02 按住Ctrl键单击RGB通道的缩览图，将该通道载入选区，如图2-144所示。

图2-144

Step 03 确定选区处于选择状态，按Ctrl+J组合键建立通过拷贝的图层，将选区中的内容复制成【图层1】，如图2-145所示。

图2-145

Step 04 选择菜单栏中的【滤镜】|【模糊】|【径向模糊】命令，在弹出的对话框中将【数量】设置为40，将【模糊方法】设置为【缩放】，然后调整【中心模糊】的位置，设置完成后单击【确定】按钮，如图2-146所示。

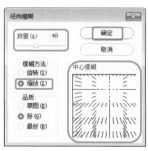

图2-146

◎提示·◦

　　【径向模糊】对话框中包含一个【中心模糊】选项设置框，在设置框内单击，可以将单击点设置为模糊的原点，原点的位置不同，模糊的效果也不相同。

Step 05 设置完径向模糊后的效果如图2-147所示。

图2-147

实例 054 拼贴效果

- 素材：素材23.jpg
- 场景：拼贴效果.psd

Step 01 按Ctrl+O组合键，打开"素材\Cha02\素材23.jpg"素材文件，如图2-148所示。

图2-148

Step 02 在菜单栏中选择【滤镜】|【转换为智能滤镜】命令，此时会弹出系统提示对话框，如图2-149所示。

图2-150　　　　　　图2-151

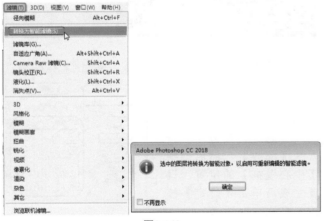

图2-149

Step 03 单击【确定】按钮，将图层中的对象转换为智能对象，然后选择菜单栏中的【滤镜】|【风格化】|【拼贴】命令，如图2-150所示。

Step 04 在弹出的【拼贴】对话框中将【最大位移】设置为15%，选中【背景色】单选按钮，其他参数使用默认设置即可，如图2-151所示。

Step 05 设置完成后，单击【确定】按钮，即可应用该滤镜效果，在【图层】面板中该图层的下方将会出现智能滤镜效果，如图2-152所示。如果用户需要对【拼贴】进行设置，可以在【图层】面板中双击【拼贴】效果，然后在弹出的对话框中对其进行设置即可。

图2-152

实例 055 浴室玻璃效果

- 素材：素材24.jpg
- 场景：浴室玻璃效果.psd

Step 01 按Ctrl+O组合键，打开"素材\Cha02\素材24.jpg"素材文件，如图2-153所示。

图2-153

Step 02 使用【矩形选框工具】绘制出矩形选框，按Ctrl+J组合键复制选区，如图2-154所示。

Step 03 选择【图层1】，在菜单栏中选择【滤镜】|【模糊】|【高斯模糊】命令，弹出【高斯模糊】对话框，将【半径】设置为6像素，单击【确定】按钮，如图2-155所示。

Step 04 打开【图层】面板，选择【图层1】将其载入选区，单击【创建新的填充和调整图层】按钮，在弹出的下拉菜单中选择【色彩平衡】命令，弹出【属性】面板，进行如图2-156所示的设置。

图2-154

图2-155

图2-156

Step 05 选择【图层1】，在菜单栏中选择【滤镜】|【滤镜库】命令，选择【扭曲】|【玻璃】命令，将【扭曲度】设置为2，将【平滑度】设置为2，将【纹理】设置为【小镜头】，将【缩放】设置为90%，勾选【反相】复选框，单击【确定】按钮，如图2-157所示。

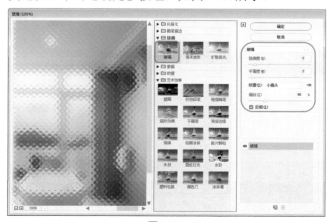

图2-157

◎提示·◎

　　使图像看起来像是透过不同类型的玻璃来观看的效果，可以选取一种玻璃效果，也可以将自己的玻璃表创建为Photoshop文件并应用它，然后调整【扭曲度】、【平滑度】和【纹理】、【缩放】参数即可。

Step 06 新建【图层2】，在工具箱中选择【矩形选框工具】，绘制选区，如图2-158所示。

Step 07 使用【渐变工具】设置，在工具选项栏中选择【径向渐变】，设置渐变色，灰白色颜色值为#5b5b5b，白色颜色值为# ffffff，单击【确定】按钮，如图2-159所示。

图2-158

图2-159

Step 08 设置完成渐变色后对选区进行填充，将其【图层样式】设置为【颜色加深】，【不透明度】设置为40%，如图2-160所示。

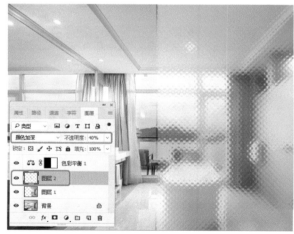

图2-160

第**3**章 数码照片的编辑处理

 本章导读...

　　日常拍摄的数码照片经常会出现一些瑕疵，本章将综合介绍一些处理数码照片瑕疵的方法，以及制作出现实生活中作为宣传形式出现的照片特效。通过对本章的学习，读者可以对自己拍摄的一些数码照片进行简单的处理。

实例 056 美白牙齿

- 素材：素材1.jpg
- 场景：美白牙齿.psd

Step 01 启动Photoshop软件后，在菜单栏中选择【文件】|【打开】命令，如图3-1所示。

图3-1

Step 02 在弹出的【打开】对话框中选择"素材\Cha03\素材1.jpg"素材文件，如图3-2所示。

图3-2

Step 03 单击【打开】按钮，即可将选中的素材文件打开，如图3-3所示。

图3-3

Step 04 打开素材后，在工具箱中选择【钢笔工具】 ，在工具选项栏中将【工具模式】设置为【路径】，在场景中沿人物的牙齿部分绘制路径，如图3-4所示。

图3-4

Step 05 绘制路径完成后，按Ctrl + Enter组合键，将路径转换为选区，如图3-5所示。

Step 06 创建选区后，在菜单栏中选择【图像】|【调整】|【去色】命令，去掉选区的图形颜色，此时黄色的牙斑已经被去掉，如图3-6所示。

图3-5　　　　　　　　　　图3-6

> **提示**
>
> 执行【去色】命令可以删除彩色图像的颜色，但不会改变图像的颜色模式。

Step 07 在菜单栏中选择【图像】|【调整】|【亮度/对比度】命令，弹出【亮度/对比度】对话框，设置【亮度】为24，【对比度】为72，如图3-7所示。

图3-7

Step 08 单击【确定】按钮，此时牙齿已经变白，但是并不自然，在菜单栏中选择【图像】|【调整】|【色彩平衡】命令，弹出【色彩平衡】对话框，调整红色数值为40，调整绿色值为19，调整蓝色值为6，如图3-8所示，单击【确定】按钮，按Ctrl+D组合键取消选区，美白牙齿制作完成并保存场景即可。

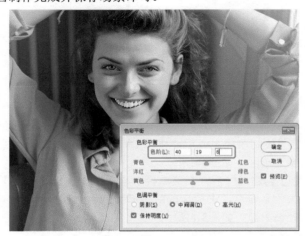

图3-8

实例 057 祛除眼袋

💿 场景：祛除眼袋.psd

Step 01 在工具箱中选择【缩放工具】 🔍 ，在工具选项栏中选择【放大】按钮 🔍 ，放大眼睛部分，如图3-9所示。

图3-9

Step 02 在工具箱【污点修复画笔工具】 🖌 按钮处右击鼠标选择【修补工具】 ⊕ ，选择工具后，在人物图像中拖动鼠标左键选取右眼袋区域，绘制完成后松开鼠标，如图3-10所示。

图3-10

Step 03 选取完成后，按住鼠标左键向下拖动，眼袋处即被下方光滑皮肤覆盖，如图3-11所示。

图3-11

Step 04 松开鼠标左键然后按Ctrl+D组合键取消选区，效果如图3-12所示。

图3-12

Step 05 然后使用相同的方式将另一只眼睛的眼袋祛除，如图3-13所示。

Step 06 再使用【修补工具】 ⊕ ，将人物脸上的瑕疵进行修饰，效果如图3-14所示。

图3-13

图3-14

图3-17　　　　　　　　图3-18

实例 058 祛除面部痘痘

● 素材：素材2.jpg
● 场景：祛除面部痘痘.psd

Step 01 打开"素材\Cha03\素材2.jpg"素材文件，如图3-15所示。

图3-15

Step 02 在工具箱中选择【污点修复画笔工具】🖌.，在工作区中右击鼠标，在弹出的面板中将【大小】设置为30像素，如图3-16所示。

图3-16

Step 03 设置完成后，使用【污点修复画笔工具】在人物面部的痘痘上单击鼠标，如图3-17所示。

Step 04 释放鼠标后，即可修复人物面部的痘痘，使用同样的方法在人物图像中的痘痘上单击鼠标进行修复，效果如图3-18所示。

实例 059 祛除面部瑕疵

● 素材：素材3.jpg
● 场景：祛除面部瑕疵.psd

Step 01 打开"素材\Cha03\素材3.jpg"素材文件，如图3-19所示。

图3-19

Step 02 在工具箱中选择【修复画笔工具】🖌.，在工具选项栏中将【画笔】设置为10，在人物面部按住Alt键进行取样，如图3-20所示。

图3-20

Step 03 取样完成后，在图像上对人物左侧唇边进行涂抹和修饰，效果如图3-21所示。

图3-21

Step 04 使用同样的方法再对人物右侧的唇边进行修饰，完成祛除面部瑕疵，效果如图3-22所示。

图3-22

实例 **060** 为照片添加光晕效果

● 素材：素材4.jpg、素材5.png
● 场景：为照片添加光晕效果.psd

Step 01 打开"素材\Cha03\素材4.jpg"素材文件，如图3-23所示。

图3-23

Step 02 在【图层】面板中选择【背景】图层，按Ctrl+J组合键，拷贝图层，选中拷贝后的图层，在菜单栏中选择【滤镜】|【模糊】|【高斯模糊】命令，如图3-24所示。

图3-24

Step 03 在弹出的对话框中将【半径】设置为50，单击【确定】按钮，在【图层】面板中选择【图层1】，将【不透明度】设置为60%，单击【添加图层蒙版】按钮 ▢，在工具箱中单击【画笔工具】 ✎，将前景色设置为黑色，如图3-25所示。

图3-25

Step 04 使用【画笔工具】在工作区中进行涂抹，完成后的效果如图3-26所示。

图3-26

Step 05 在【图层】面板中单击【创建新的填充或调整图层】按钮 ◑，在弹出的列表中选择【曲线】命令，如图3-27所示。

图3-27

Step 06 在【属性】面板中将当前编辑设置为RGB，添加一个编辑点，将其【输入】、【输出】分别设置为187、217，再添加一个编辑点，将【输入】、【输出】分别设置为50、72，如图3-28所示。

图3-28

Step 07 将当前编辑设置为【红】，添加一个编辑点，将其【输入】、【输出】分别设置为160、172，再添加一个编辑点，将【输入】、【输出】分别设置为86、121，再次添加一个编辑点，将【输入】、【输出】分别设置为23、49，如图3-29所示。

Step 08 将当前编辑设置为【蓝】，添加一个编辑点，将其【输入】、【输出】分别设置为215、185，再添加一个编辑点，将【输入】、【输出】分别设置为71、58，如图3-30所示。

Step 09 在【图层】面板中选择【曲线 1】图层，将【不

透明度】设置为60%，如图3-31所示。

图3-29

图3-30

图3-31

Step 10 在【图层】面板中单击【创建新图层】按钮 ◱，新建一个图层，将前景色设置为黑色，按Alt+Delete组合键，填充前景色，如图3-32所示。

图3-32

Step 11 在菜单栏中选择【滤镜】|【渲染】|【镜头光晕】命令，在弹出的对话框中选中【50-300毫米变焦】单选按钮，并调整镜头光晕的位置，效果如图3-33所示。

图3-33

Step 12 设置完成后，单击【确定】按钮，在【图层】面板中选择【图层2】，将【混合模式】设置为【滤色】，并按两次Ctrl+J组合键，将【图层2】拷贝两次，效果如图3-34所示。

Step 13 打开"素材\Cha03\素材5.png"素材文件，在工具箱中单击【移动工具】 ，按住鼠标将"素材5"拖曳至"素材4"文档中，并按Ctrl+T组合键，变换选取对象，旋转角度，调整完成后，按Enter键完成调整，效果如图3-35所示。

Step 14 在工具箱中单击【矩形工具】 ，在工具选项栏中将【工具模式】设置为【形状】，将【填充】的颜色值设置为# ffffff，将【描边】设置为无，单击【路径

操作】按钮 ，在弹出的下拉列表中选择【减去顶层形状】命令，如图3-36所示。

图3-34

图3-35

图3-36

Step 15 在工作区中绘制一个矩形，在【属性】面板中将W、H分别设置为900、600像素，将X、Y均设置为0像素，如图3-37所示。

Step 16 在工具箱中单击【圆角矩形工具】 ，在工作区中绘制一个圆角矩形，在【属性】面板中将W、H分别设置为878、580像素，将X、Y分别设置为12、10像

素，将所有的【角半径】均设置为30像素，如图3-38所示。

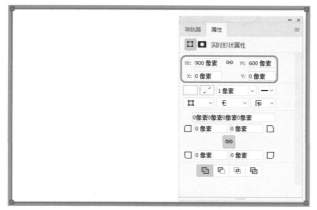
图3-37

图3-38

● 素材：素材6.jpg
● 场景：调整照片亮度.psd

Step 01 打开"素材\Cha03\素材6.jpg"素材文件，如图3-39所示。

图3-39

Step 02 在【图层】面板中选择【背景】图层，按Ctrl+J组

合键对其进行拷贝，选择拷贝后的【图层 1】，在菜单栏中选择【图像】|【调整】|【曲线】命令，如图3-40所示。

图3-40

Step 03 在弹出的【曲线】对话框中将【通道】设置为RGB，添加一个编辑点，将【输出】、【输入】分别设置为196、166，再添加一个编辑点，将【输出】、【输入】分别设置为104、70，如图3-41所示。

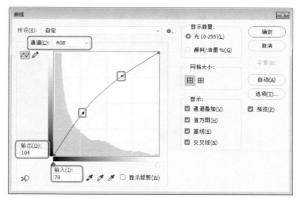
图3-41

Step 04 在【曲线】对话框中将【通道】设置为【绿】，添加一个编辑点，将【输出】、【输入】分别设置为164、154，如图3-42所示。

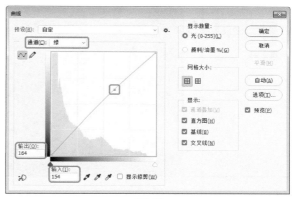
图3-42

Step 05 再在【曲线】对话框中将【通道】设置为【蓝】，添加一个编辑点，将【输出】、【输入】分别设置为179、165，如图3-43所示。

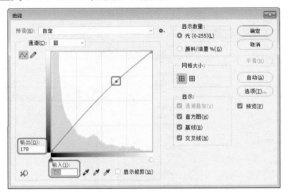

图3-43

Step 06 设置完成后，单击【确定】按钮，在【图层】面板中选择【图层 1】图层，将【混合模式】设置为【滤色】，将【不透明度】设置为60%，如图3-44所示。

图3-44

Step 07 按Ctrl+Alt+Shift+E组合键盖印图层，选中盖印后的图层，在【图层】面板中将【混合模式】设置为【滤色】，将【不透明度】设置为15%，如图3-45所示。

图3-45

实例 062 去除照片中的杂物

● 素材：素材7.jpg
● 场景：修饰照片中的污点.psd

Step 01 打开"素材\Cha03\素材7.jpg"素材文件，如图3-46所示。

图3-46

Step 02 在工具箱中单击【矩形选框工具】，在工作区中对墨镜进行选取，如图3-47所示。

图3-47

Step 03 在图像上右击鼠标，在弹出的快捷菜单中选择【填充】命令，如图3-48所示。

图3-48

Step 04 在弹出的【填充】对话框中将【内容】设置为【内容识别】，勾选【颜色适应】复选框，如图3-49所示。

图3-49

Step 05 设置完成后，单击【确定】按钮，即可填充选取部分，如图3-50所示。

Step 06 按Ctrl+D组合键取消选区，完成后的效果如图3-51所示。

图3-50　　　　　　　　　图3-51

实例 **063** 调整眼睛比例

● 素材：素材8.jpg
● 场景：调整眼睛比例.psd

Step 01 打开"素材\Cha03\素材8.jpg"素材文件，如图3-52所示。

Step 02 在工具箱中单击【多边形套索工具】，在工作区中框选人物的左眼，如图3-53所示。

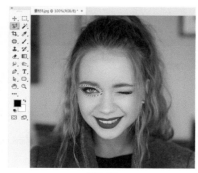

图3-52　　　　　　　　　图3-53

Step 03 在该对象上右击鼠标，在弹出的快捷菜单中选择【通过拷贝的图层】命令，如图3-54所示。

图3-54

Step 04 按Ctrl+T组合键，变换选取，右击鼠标，在弹出的快捷菜单中选择【水平翻转】命令，如图3-55所示。

图3-55

Step 05 翻转后，在文档中调整该对象的位置和角度，如图3-56所示。

图3-56

Step 06 按Enter键确认，在【图层】面板中选中【图层1】图层，在工具箱中单击【橡皮擦工具】，在工具选项栏中将画笔大小设置为25，将硬度设置为0，将【不透明度】设置为70%，在工作区中对复制后的眼睛进行擦除，效果如图3-57所示。

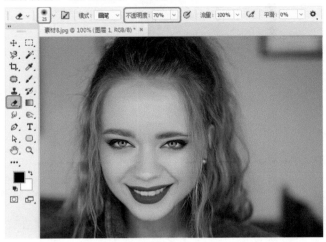

图3-57

实例 064 祛除红眼

⊙ 素材：素材9.jpg
⊙ 场景：祛除红眼.psd

Step 01 打开"素材\Cha03\素材9.jpg"素材文件，如图3-58所示。

图3-58

Step 02 在工具箱中选择【缩放工具】 🔍，将人物的眼部区域放大，如图3-59所示。

图3-59

Step 03 在工具箱中选择【红眼工具】 ⁺☉，在工具选项栏中将【瞳孔大小】设置为80%，将【变暗量】设置为10%，在场景文件中的红眼处单击，如图3-60所示。

图3-60

Step 04 再次使用【红眼工具】 ⁺☉，将另一只眼的红眼也祛除，如图3-61所示。

图3-61

⊙提示·⊙

红眼工具可移去用闪光灯拍摄的人物照片中的红眼，也可以移去用闪光灯拍摄的动物照片中的白色或绿色反光。

实例 065 为人物美容

⊙ 素材：素材10.jpg
⊙ 场景：为人物美容.psd

Step 01 打开"素材\Cha03\素材10.jpg"素材文件，如图3-62所示。

Step 02 在【图层】面板中选择【背景】图层，按Ctrl+J组合键，选择拷贝后的【图层 1】图层，在菜单栏中选择【滤镜】|【模糊】|【表面模糊】命令，如图3-63所示。

图3-62

图3-63

Step 03 在弹出的对话框中将【半径】、【阈值】分别设置为30像素、54色阶，如图3-64所示。

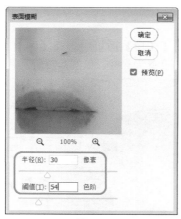

图3-64

Step 04 设置完成后，单击【确定】按钮，按Ctrl+M组合键，在弹出的【曲线】对话框中添加一个编辑点，将【输出】、【输入】分别设置为136、123，如图3-65所示。

Step 05 设置完成后，单击【确定】按钮，在【图层】面板中选择【图层 1】，按住Alt键单击【添加图层蒙版】按

钮 ▣ ，在工具箱中单击【画笔工具】 ✔ ，将前景色设置为白色，对人物面部进行涂抹，效果如图3-66所示。

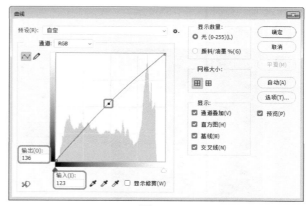

图3-65

图3-66

Step 06 在【图层】面板中单击【创建新图层】按钮 ▣ ，在工具箱中单击【画笔工具】，将前景色的颜色值设置为# dfa080，在工具选项栏中将【不透明度】设置为15%，对人物人中与鼻翼部分进行涂抹，增加阴影效果，如图3-67所示。

图3-67

Step 07 在【图层】面板中选择【背景】图层，在工具箱中单击【多边形套索工具】 ，在工作区中对人物唇部进行选取，效果如图3-68所示。

图3-68

Step 08 按Shift+F6组合键，在弹出的【羽化选区】对话框中将【羽化半径】设置为5，单击【确定】按钮，按Ctrl+J组合键拷贝图层，并将拷贝后的【图层 3】调整至【图层2】的上方，效果如图3-69所示。

图3-69

Step 09 选择【图层 3】图层，在菜单栏中选择【滤镜】|【模糊】|【表面模糊】命令，在弹出的【表面模糊】对话框中将【半径】、【阈值】分别设置为15像素、44色阶，如图3-70所示。

Step 10 设置完成后，单击【确定】按钮，继续选中【图层 3】图层，按Ctrl+U组合键，在弹出的【色相/饱和度】对话框中将【饱和度】、【明度】分别设置为20、4，如图3-71所示。

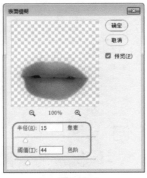

图3-70

图3-71

Step 11 设置完成后，单击【确定】按钮，选择【图层3】图层，在【图层】面板中单击【添加图层蒙版】按钮 ，在工具箱中单击【画笔工具】 ，在工具选项栏中将画笔大小设置为8，将【不透明度】设置为100%，将【前景色】设置为黑色，对人物牙齿进行涂抹，效果如图3-72所示。

图3-72

Step 12 继续在【图层】面板中选择【图层 3】图层，将【不透明度】设置为50%，如图3-73所示。

图3-73

实例 066 制作怀旧老照片

- 素材：素材11.jpg、素材12.jpg、素材13.jpg
- 场景：制作怀旧老照片.psd

Step 01 打开"素材\Cha03\素材11.jpg"素材文件，如图3-74所示。

Step 02 在菜单栏中选择【文件】|【置入嵌入对象】命令，如图3-75所示。

图3-74 　　　　　　图3-75

Step 03 在弹出的对话框中选择"素材\Cha03\素材12.jpg"素材文件，单击【置入】按钮，在工作区中调整素材的大小与位置，调整完成后，按Enter键完成置入，在【图层】面板中将【素材 12】的【混合模式】设置为【柔光】，将【不透明度】设置为80%，如图3-76所示。

图3-76

Step 04 继续在【图层】面板中选择【素材 12】图层，单击【添加图层蒙版】按钮 ▢，在工具箱中单击【画笔工具】 ✎，在工具选项栏中将画笔大小设置为25，将

【不透明度】设置为50%，将前景色设置为黑色，对人物的面部进行涂抹，效果如图3-77所示。

图3-77

Step 05 使用同样的方法将"素材13.jpg"素材文件置入文档中，并调整其位置与大小，在【图层】面板中选择【素材13】图层，将【混合模式】设置为【变暗】，如图3-78所示。

图3-78

Step 06 在【图层】面板中单击【创建新的填充或调整图层】按钮 ◗，在弹出的列表中选择【色相/饱和度】命令，如图3-79所示。

图3-79

Step 07 在【属性】面板中勾选【着色】复选框，将【色相】、【饱和度】、【明度】分别设置为38、22、0，如图3-80所示。

图3-80

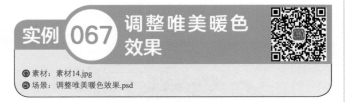

实例 **067** 调整唯美暖色效果

素材：素材14.jpg
场景：调整唯美暖色效果.psd

Step 01 打开"素材\Cha03\素材14.jpg"素材文件，如图3-81所示。

Step 02 按F7键打开【图层】面板，单击【图层】面板底部的【创建新的填充或调整图层】按钮，在弹出的列表中选择【色相/饱和度】命令，如图3-82所示。

图3-81　　　　　　　图3-82

Step 03 在弹出的【属性】面板中将当前编辑设置为【全图】，将【色相】、【饱和度】、【明度】分别设置为0、-16、7，如图3-83所示。

Step 04 将当前编辑设置为【黄色】，将【色相】、【饱和度】、【明度】分别设置为-16、-49、0，如图3-84所示。

图3-83

图3-84

Step 05 将当前编辑设置为【绿色】，将【色相】、【饱和度】、【明度】分别设置为-34、-48、0，如图3-85所示。

图3-85

Step 06 再在【图层】面板的底部单击【创建新的填充或调整图层】按钮，在弹出的列表中选择【曲线】命令，如图3-86所示。

Step 07 在弹出的【属性】面板中将当前编辑设置为RGB，添加一个编辑点，将其【输入】、【输出】分别设置为189、208，如图3-87所示。

图3-86

图3-87

Step 08 设置完成后，再在该面板中选中底部的编辑点，将【输入】、【输出】分别设置为0、34，如图3-88所示。

图3-88

Step 09 将当前编辑设置为【红】，选中曲线底部的编辑点，将【输入】、【输出】分别设置为0、33，如图3-89所示。

Step 10 将当前编辑设置为【绿】，选中曲线底部的编

辑点，将【输入】、【输出】分别设置为22、0，如图3-90所示。

图3-89

图3-90

Step 11 将当前编辑设置为【蓝】，选中曲线底部的编辑点，将【输入】、【输出】分别设置为0、5，如图3-91所示。

图3-91

Step 12 再在【图层】面板的底部单击【创建新的填充或调整图层】按钮 ◐.，在弹出的列表中选择【可选颜色】命令，如图3-92所示。

Step 13 在弹出的【属性】面板中将【颜色】设置为【红色】，将【青色】、【洋红】、【黄色】、【黑色】分别设置为-9%、10%、-7%、-2%，如图3-93所示。

图3-92

图3-93

Step 14 再在该面板中将【颜色】设置为【黄色】,将【青色】、【洋红】、【黄色】、【黑色】分别设置为-5%、6%、0%、-18%,如图3-94所示。

图3-94

Step 15 在【属性】面板中将【颜色】设置为【青色】,将【青色】、【洋红】、【黄色】、【黑色】分别设置为-100%、0%、0%、0%,如图3-95所示。

Step 16 在【属性】面板中将【颜色】设置为【蓝色】,将【青色】、【洋红】、【黄色】、【黑色】分别设置

为-64%、0%、0%、0%,如图3-96所示。

图3-95

图3-96

Step 17 将【颜色】设置为【白色】,将【青色】、【洋红】、【黄色】、【黑色】分别设置为0%、-2%、18%、0%,如图3-97所示。

图3-97

Step 18 将【颜色】设置为【黑色】,将【青色】、【洋红】、【黄色】、【黑色】分别设置为0%、0%、-45%、0%,如图3-98所示。

Step 19 设置完成后,在【图层】面板中选中【选取颜色1】调整图层,按Ctrl+J组合键拷贝图层,并将【不透明度】设置为30%,如图3-99所示。

图3-98

图3-99

Step 20 在【图层】面板的底部单击【创建新的填充或调整图层】按钮 ，在弹出的列表中选择【色彩平衡】命令，如图3-100所示。

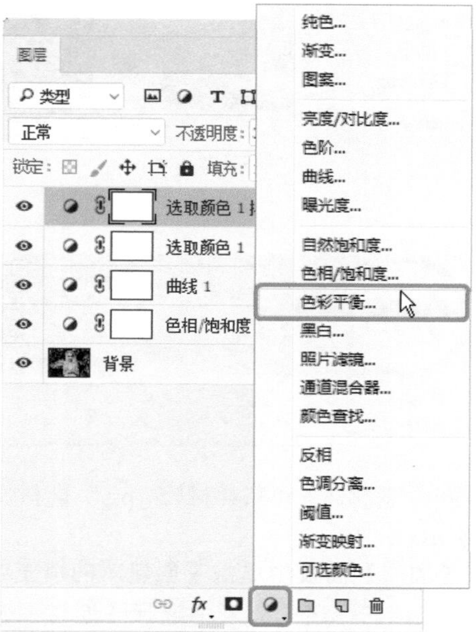

图3-100

Step 21 在弹出的【属性】面板中将【色调】设置为【阴影】，将其参数分别设置为0、-6、10，如图3-101所示。

图3-101

Step 22 将【色调】设置为【高光】，将其参数分别设置为0、3、0，如图3-102所示。

图3-102

Step 23 设置完成后，按Ctrl+J组合键对选中的图层进行复制，按Ctrl+Shift+Alt+E组合键对图层进行盖印，并将盖印后的图层隐藏，然后选中【色彩平衡 1 拷贝】图层，如图3-103所示。

图3-103

Step 24 在【图层】面板中单击【创建新图层】按钮 ◻，新建一个图层，将前景色的颜色值设置为#c1b17f，按Alt+Delete组合键填充前景色，如图3-104所示。

图3-104

Step 25 继续选中新建的【图层2】，在【图层】面板中单击【添加图层蒙版】按钮 ◻，单击【渐变工具】，在图层蒙版中添加黑白渐变，然后再使用【画笔工具】对人物进行涂抹，并将其混合模式设置为【滤色】，如图3-105所示。

图3-105

Step 26 按Ctrl+J组合键，对【图层2】进行复制，选中【图层 2 拷贝】图层，并在【图层】面板中将【不透明度】设置为40%，如图3-106所示。

图3-106

Step 27 将隐藏的【图层1】显示，选中【图层 1】图层，在菜单栏中选择【滤镜】|【渲染】|【镜头光晕】命令，在弹出的【镜头光晕】对话框中选中【105毫米聚焦】单选按钮，将【亮度】设置为117%，调整光晕的位置，如图3-107所示。

图3-107

Step 28 设置完成后，单击【确定】按钮，在图层面板中选中【图层 1】图层，将【混合模式】设置为【变暗】，将【不透明度】设置为50%，如图3-108所示。

图3-108

实例 068 调整偏色照片

素材：素材15.jpg
场景：调整偏色照片.psd

Step 01 打开"素材\Cha03\素材15.jpg"素材文件，如图3-109所示。

Step 02 在【图层】面板中单击【创建新的填充或调整图层】按钮 ◑，在弹出的列表中选择【通道混合器】命令，如图3-110所示。

图3-109

图3-110

图3-112

Step 03 在【属性】面板中将【输出通道】设置为【红】,将【红色】、【绿色】、【蓝色】分别设置为117%、6%、6%,如图3-111所示。

图3-113

图3-114

图3-111

Step 04 在【属性】面板中将【输出通道】设置为【绿】,将【红色】、【绿色】、【蓝色】分别设置为6%、97%、-8%,如图3-112所示。

Step 05 再在【属性】面板中将【输出通道】设置为【蓝】,将【红色】、【绿色】、【蓝色】分别设置为27%、-10%、87%,如图3-113所示。

Step 06 在【图层】面板中单击【创建新的填充或调整图层】按钮,在弹出的列表中选择【亮度/对比度】命令,在【属性】面板中将【亮度】、【对比度】分别设置为19、17,如图3-114所示。

实例 **069** 制作电影色调照片效果

◉ 素材:素材16.jpg、素材17.jpg
◉ 场景:制作电影色调照片效果.psd

Step 01 打开"素材\Cha03\素材16.jpg"素材文件,如

图3-115所示。

图3-115

Step 02 在菜单栏中选择【文件】|【置入嵌入对象】命令，在弹出的对话框中选择"素材\Cha03\素材17.jpg"素材文件，单击【置入】按钮，按Enter键完成置入，在【图层】面板中将【素材17】图层的【混合模式】设置为【柔光】，如图3-116所示。

图3-116

Step 03 在【图层】面板中单击【创建新的填充或调整图层】按钮 ●，在弹出的列表中选择【色相/饱和度】命令，在【属性】面板中将【色相】、【饱和度】、【明度】分别设置为0、-14、15，如图3-117所示。

图3-117

Step 04 在【图层】面板中单击【创建新的填充或调整图层】按钮 ●，在弹出的列表中选择【色彩平衡】命令，在【属性】面板中将【色调】设置为【中间调】，并设置其参数，效果如图3-118所示。

图3-118

Step 05 在【图层】面板中单击【创建新的填充或调整图层】按钮 ●，在弹出的列表中选择【色阶】命令，在【属性】面板中设置其参数，效果如图3-119所示。

图3-119

Step 06 在【图层】面板中单击【创建新的填充或调整图层】按钮 ●，在弹出的列表中选择【渐变映射】命令，在【属性】面板中单击渐变条，在弹出的【渐变编辑器】对话框中将左侧色标的颜色值设置为#d3cec5，将右侧色标的颜色值设置为# ffffff，如图3-120所示。

图3-120

Step 07 设置完成后，单击【确定】按钮，在【属性】面板中勾选【反向】复选框，在【图层】面板中选择【渐变映射 1】调整图层，将【混合模式】设置为【正片叠底】，如图3-121所示。

图3-121

Step 08 在【图层】面板中单击【创建新的填充或调整图层】按钮 ◑，在弹出的列表中选择【渐变映射】命令，在【属性】面板中单击渐变条，在弹出的【渐变编辑器】对话框中将左侧色标的颜色值设置为#003959，将右侧色标的颜色值设置为# dee0ae，如图3-122所示。

图3-122

Step 09 设置完成后，单击【确定】按钮，在【图层】面板中选择【渐变映射 2】调整图层，将【混合模式】设置为【柔光】，如图3-123所示。

Step 10 在工具箱中单击【裁剪工具】 □，在工作区中调整裁剪框，调整完成后，按Enter键完成裁剪，效果如图3-124所示。

Step 11 在工具箱中单击【矩形工具】 □，在工具选项栏中将【工具模式】设置为【形状】，将【填充】的颜色值设置为#000000，将【描边】设置为无，单击【路径操作】按钮 ◻，在弹出的下拉列表中选择【合

并形状】命令，在工作区中绘制矩形，效果如图3-125所示。

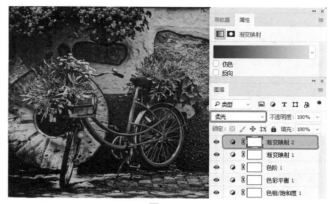

图3-123

图3-124

图3-125

Step 12 在工具箱中单击【横排文字工具】 **T**，在工作区中单击鼠标，输入文字，选中输入的文字，在【字符】面板中将【字体】设置为Times New Roman，将【字体大小】设置为24点，将【字符间距】设置为700，将【颜色】的颜色值设置为#ffffff，单击【全部大写字

母】按钮 **TT**，效果如图3-126所示。

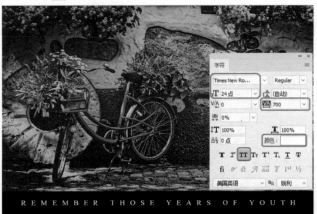

图3-126

实例 **070** 模拟焦距脱焦效果

● 素材：素材18.jpg
● 场景：模拟焦距脱焦效果.psd

Step 01 打开"素材\Cha03\素材18.jpg"素材文件，如图3-127所示。

图3-127

Step 02 按Ctrl+M组合键，在弹出的对话框中单击鼠标，添加一个编辑点，选中该编辑点，将【输出】和【输入】分别设置为163、184，如图3-128所示。

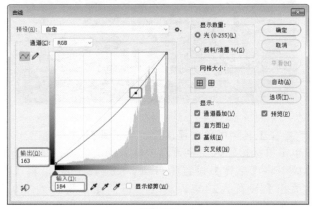

图3-128

Step 03 设置完成后，单击【确定】按钮，在工具箱中单击【圆角矩形工具】，在工具选项栏中将工具模式设置为【路径】，将【半径】设置为10像素，在文档中绘制一个圆角矩形，如图3-129所示。

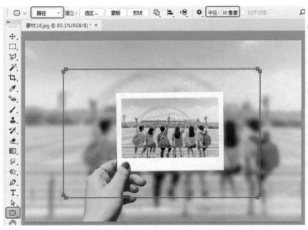

图3-129

Step 04 按Ctrl+T组合键，在文档中调整该路径的位置，在工具选项栏中将旋转角度设置为-12度，如图3-130所示。

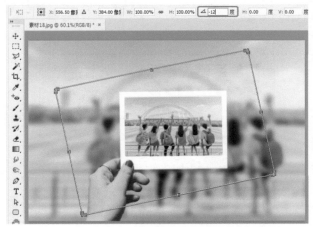

图3-130

Step 05 设置完成后，按Enter键确认，弹出【形状转变为常规路径】对话框，单击【是】按钮，然后按Ctrl+Enter组合键，将路径载入选区，按Ctrl+Shift+I组合键进行反选，效果如图3-131所示。

图3-131

Step 06 在菜单栏中选择【滤镜】|【模糊】|【径向模糊】命令，如图3-132所示。

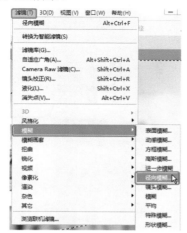

图3-132

Step 07 在弹出的【径向模糊】对话框中将【数量】设置为70，选中【缩放】单选按钮，选中【好】单选按钮，如图3-133所示。

图3-133

Step 08 设置完成后，单击【确定】按钮，执行该操作后即可完成径向模糊，按Ctrl+Shift+I组合键进行反选，如图3-134所示。

图3-134

Step 09 按Ctrl+J组合键，通过选区拷贝图层，在菜单栏中选择【编辑】|【描边】命令，在弹出的对话框中将【宽度】设置为15像素，将【颜色】设置为白色，选中【居中】单选按钮，如图3-135所示。

Step 10 设置完成后，单击【确定】按钮，按Ctrl+M组合键，在弹出的对话框中将【通道】设置为【红】，在曲线

上单击鼠标，添加一个编辑点，将【输出】、【输入】分别设置为181、170，如图3-136所示。

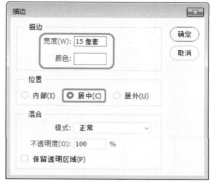

图3-135

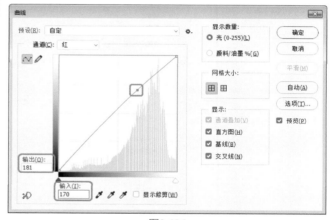

图3-136

Step 11 将【通道】设置为【绿】，在曲线上单击鼠标，添加一个编辑点，将【输出】、【输入】分别设置为213、198，如图3-137所示。

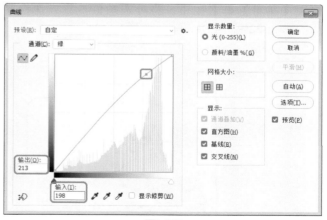

图3-137

Step 12 将【通道】设置为【蓝】，在曲线上单击鼠标，添加一个编辑点，将【输出】、【输入】分别设置为200、175，如图3-138所示。

Step 13 设置完成后，单击【确定】按钮，在【图层】面板中单击【创建新的填充或调整图层】按钮，在弹出的

列表中选择【可选颜色】命令，如图3-139所示。

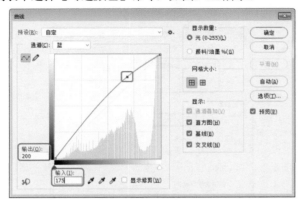

图3-138

图3-139

Step 14 在弹出的面板中将【颜色】设置为【红色】，选中【相对】单选按钮，将可选颜色参数分别设置为-52%、-22%、-40%、0%，如图3-140所示。

图3-140

Step 15 将【颜色】设置为【绿色】，将可选颜色参数分别设置为78%、-25%、63%、0%，如图3-141所示。

Step 16 将【颜色】设置为【黑色】，将可选颜色参数分别设置为0%、0%、0%、11%，如图3-142所示。

图3-141

图3-142

Step 17 设置完成后，在【图层】面板中双击【图层1】，在弹出的对话框中勾选【投影】复选框，将【不透明度】设置为19%，将【角度】设置为0度，将【距离】、【扩展】、【大小】分别设置为0像素、0%、13像素，如图3-143所示。

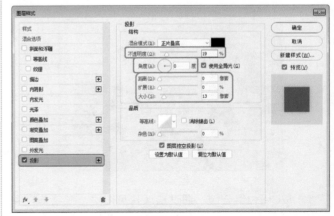

图3-143

Step 18 设置完成后，单击【确定】按钮，在【图层】面板中选择【图层 1】图层，在菜单栏中选择【图像】|【调整】|【亮度/对比度】命令，在弹出的对话框中将【亮度】、【对比度】分别设置为6、27，设置完成后，单击

【确定】按钮，即可完成制作，效果如图3-144所示。

图3-144

实例 **071** 将照片调整为古铜色

- 素材：素材19.jpg
- 场景：将照片调整为古铜色.psd

Step 01 打开"素材\Cha03\素材19.jpg"素材文件，如图3-145所示。

图3-145

Step 02 按两次Ctrl+J组合键，对图层进行拷贝，如图3-146所示。

图3-146

Step 03 在【图层】面板中选择【图层1】，将【图层1】的【混合模式】设置为【柔光】，如图3-147所示。

Step 04 设置完成后，在【图层】面板中选择【图层1拷贝】图层，将【混合模式】设置为【正片叠底】，将

【不透明度】设置为40%，如图3-148所示。

图3-147

图3-148

Step 05 在【图层】面板中按住Alt键并单击【添加图层蒙版】按钮，在工具箱中单击【画笔工具】，将前景色设置为白色，对人物的皮肤进行涂抹，效果如图3-149所示。

图3-149

Step 06 设置完成后，按Ctrl+Shift+Alt+E组合键对图层进行盖印，在菜单栏中选择【图像】|【应用图像】命令，在弹出的对话框中将【通道】设置为【蓝】，将【混合】设置为【正片叠底】，如图3-150所示。

图3-150

Step 07 设置完成后，单击【确定】按钮，在菜单栏中选择【图像】|【调整】|【色阶】命令，在弹出的对话框中将【色阶】设置为0、1.9、200，如图3-151所示。

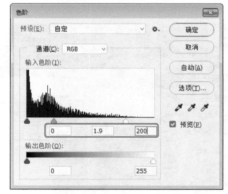

图3-151

Step 08 设置完成后，单击【确定】按钮，在【图层】面板中选择【图层2】图层，按住Alt键单击【添加图层蒙版】按钮 ◻ ，在工具箱中单击【画笔工具】 ✍. ，对人物的皮肤进行涂抹，效果如图3-152所示。

图3-152

Step 09 在【图层】面板中单击【创建新的填充或调整图层】按钮 ◉. ，在弹出的列表中选择【可选颜色】命令，在【属性】面板中将【颜色】设置为【青色】，将【青色】、【洋红】、【黄色】分别设置为8%、-26%、-11%，如图3-153所示。

Step 10 在【图层】面板中单击【创建新的填充或调整图

层】按钮 ◉. ，在弹出的列表中选择【曲线】命令，在【属性】面板中添加一个编辑点，将【输入】、【输出】分别设置为208、222，再次添加一个编辑点，将【输入】、【输出】分别设置为145、170，如图3-154所示。

图3-153

图3-154

Step 11 在【图层】面板中选择【曲线1】，并调整图层右侧的图层蒙版，在工具箱中单击【画笔工具】 ✍. ，将前景色设置为黑色，对人物的皮肤进行涂抹，效果如图3-155所示。

图3-155

Photoshop图像处理+网店美工+特效制作 完全实训手册

Step 12 在【图层】面板中单击【创建新的填充或调整图层】按钮 ◎，在弹出的列表中选择【色相/饱和度】命令，在【属性】面板中将【色相】、【饱和度】、【明度】分别设置为-5、59、12，如图3-156所示。

图3-156

Step 13 在【图层】面板中选择【色相/饱和度 1】调整图层右侧的图层蒙版，在工具箱中单击【画笔工具】 ✐，将前景色设置为黑色，对人物的皮肤进行涂抹，效果如图3-157所示。

图3-157

Step 14 继续选中【色相/饱和度 1】，并调整图层右侧的图层蒙版，按Ctrl+I组合键反选，将【混合模式】设置为【饱和度】，效果如图3-158所示。

图3-158

实例 072 使照片的颜色更鲜艳

- 素材：素材20.jpg
- 场景：使照片的颜色更鲜艳.psd

Step 01 打开"素材\Cha03\素材20.jpg"素材文件，如图3-159所示。

图3-159

Step 02 在【图层】面板中选择【背景】图层，按Ctrl+J组合键拷贝图层，效果如图3-160所示。

图3-160

Step 03 按Ctrl+B组合键，在弹出的【色彩平衡】对话框中将【色阶】设置为-86、-30、35，如图3-161所示。

图3-161

Step 04 设置完成后，单击【确定】按钮，在【图层】面板中选择【图层 1】图层，单击【添加图层蒙版】按钮 ▣，在工具箱中单击【画笔工具】 ✐，将前景色设置为黑色，对人物进行涂抹，效果如图3-162所示。

图3-162

图3-165所示。

图3-165

Step 05 在【图层】面板中单击【创建新的填充或调整图层】按钮 ○ ，在弹出的列表中选择【色相/饱和度】命令，如图3-163所示。

Step 02 在菜单栏中选择【图像】|【调整】|【色相/饱和度】命令，如图3-166所示。

图3-163

Step 06 在【属性】面板中将【色相】、【饱和度】、【明度】分别设置为0、13、0，如图3-164所示。

图3-166

Step 03 在弹出的【色相/饱和度】对话框中，将当前操作更改为【青色】，将【色相】设置为55，【饱和度】设置为-39，【明度】设置为100，其他设置不变，如图3-167所示。

Step 04 设置完成后单击【确定】按钮，完成后效果如图3-168所示。

图3-164

实例 **073** 更换人物衣服颜色

● 素材：素材21.jpg
● 场景：更换人物衣服颜色.psd

Step 01 打开"素材\Cha03\素材21.jpg"素材文件，如

图3-167

图3-168

实例 074 制作动感模糊背景

- 素材：素材22.jpg
- 场景：制作动感模糊背景.psd

Step 01 打开"素材\Cha03\素材22.jpg"素材文件，如图3-169所示。

Step 02 在菜单栏中选择【滤镜】|【模糊】|【动感模糊】命令，如图3-170所示。

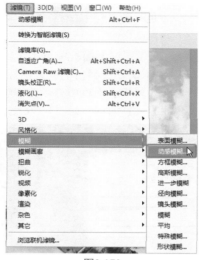

图3-169　　　　　　图3-170

Step 03 在弹出的【动感模糊】对话框中，将【角度】设置为13度，将【距离】设置为31像素，如图3-171所示。

图3-171

Step 04 设置完成后，单击【确定】按钮，在工具箱中选择【历史记录画笔工具】，在工作区中对人物与滑板进行涂抹，效果如图3-172所示。

图3-172

Step 05 至此动感模糊背景效果就制作完成了，将制作完成后的场景文件和效果进行保存即可。

◎提示·◎

【动感模糊】滤镜可以沿指定的方向模糊图像，产生的效果类似于以固定的曝光时间给一个移动的对象拍照，在表现对象的速度感时经常会用到该滤镜。

实例 075 优化照片背景

- 素材：素材23.jpg
- 场景：优化照片背景.psd

Step 01 打开"素材\Cha03\素材23.jpg"素材文件，如图3-173所示。

图3-173

Step 02 在【图层】面板中选择【背景】图层，按Ctrl+J组合键拷贝图层，选择【图层1】图层，按Ctrl+B组合键，在弹出的【色彩平衡】对话框中将【色阶】设置为-32、9、-16，如图3-174所示。

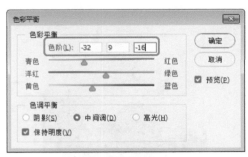

图3-174

Step 03 设置完成后，单击【确定】按钮，按Ctrl+M组合键，在弹出的【曲线】对话框中将【通道】设置为【绿】，添加一个编辑点，将【输出】、【输入】分别设置为209、193，如图3-175所示。

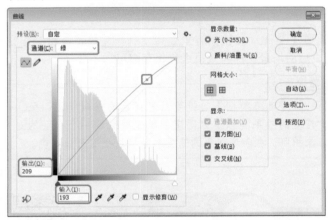

图3-175

Step 04 再在【曲线】对话框中将【通道】设置为【蓝】，将【输出】、【输入】分别设置为215、204，如图3-176所示。

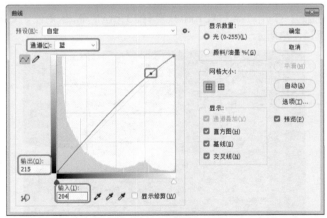

图3-176

Step 05 设置完成后，单击【确定】按钮，在【图层】面板中选择【图层 1】图层，单击【添加图层蒙版】按钮 □，在工具箱中单击【画笔工具】 ✐，将前景色设置为黑色，对人物手臂进行涂抹，效果如图3-177所示。

图3-177

Step 06 在【图层】面板中单击【创建新的填充或调整图层】按钮 ◕，在弹出的列表中选择【色相/饱和度】命令，在【属性】面板中将当前编辑设置为【绿色】，将【色相】设置为13，如图3-178所示。

图3-178

实例 076 制作艺术照效果

Step 01 打开"素材\Cha03\素材24.jpg"素材文件，如图3-179所示。

Step 02 在菜单栏中选择【文件】|【置入嵌入对象】命令，在弹出的对话框中选择"素材\Cha03\素材25.jpg"素材文件，单击【置入】按钮，在工作区中调整其位置与大小，调整完成后，按Enter键完成置入，如

图3-179

图3-180所示。

图3-180

Step 03 在【图层】面板中选择【素材25】图层，将【混合模式】设置为【强光】，将【不透明度】设置为75%，如图3-181所示。

图3-181

Step 04 继续选中该图层，在菜单栏中选择【滤镜】|【模糊】|【方框模糊】命令，如图3-182所示。

图3-182

Step 05 在弹出的【方框模糊】对话框中将【半径】设置为277像素，如图3-183所示。

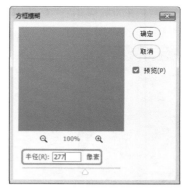

图3-183

Step 06 设置完成后，单击【确定】按钮，在【图层】面板中单击【创建新的填充或调整图层】按钮 ⚫，在弹出的列表中选择【可选颜色】命令，如图3-184所示。

图3-184

Step 07 在【属性】面板中将【颜色】设置为【红色】，将【青色】、【洋红】、【黄色】、【黑色】分别设置为46%、-68%、-67%、100%，如图3-185所示。

图3-185

Step 08 在【图层】面板中单击【创建新的填充或调整图

层】按钮 ● ，在弹出的列表中选择【曲线】命令，如
图3-186所示。

图3-186

Step 09 在【属性】面板中添加一个编辑点，将【输
入】、【输出】分别设置为135、160，如图3-187所示。

图3-187

Step 10 设置完成后，根据前
面所介绍的方法将"素材
\Cha03\素材26.png"素材
文件置入文档中，效果如
图3-188所示。

图3-188

实例 **077** 制作紫色调照片
效果

● 素材：素材27.jpg、素材28.jpg
● 场景：制作紫色调照片效果.psd

Step 01 打开"素材\Cha03\素材
27.jpg"素材文件，如图3-189
所示。

Step 02 在【图层】面板中单击
【创建新的填充或调整图层】按
钮 ● ，在弹出的列表中选择【曲
线】命令，在【属性】面板中添
加一个编辑点，将【输入】、
【输出】分别设置为78、102，
如图3-190所示。

图3-189

图3-190

Step 03 在【图层】面板中单击【创建新的填充或调整图
层】按钮 ● ，在弹出的列表中选择【可选颜色】命令，
在【属性】面板中将【颜色】设置为【中性色】，将
【黄色】设置为-36%，如图3-191所示。

Step 04 在【图层】面板中单击【创建新的填充或调整图
层】按钮 ● ，在弹出的列表中选择【曲线】命令，在
【属性】面板中添加一个编辑点，将【输入】、【输
出】分别设置为147、179，再添加一个编辑点，将【输
入】、【输出】分别设置为42、63，如图3-192所示。

Step 05 在【图层】面板中选择【曲线 2】右侧的图层蒙
版，在工具箱中单击【画笔工具】 ● ，将前景色设置
为黑色，在工作区中对人物的皮肤进行涂抹，效果如
图3-193所示。

图3-191

图3-192

图3-193

Step 06 继续选中【曲线 2】右侧的图层蒙版，按Ctrl+I组合键进行反相，如图3-194所示。

图3-194

Step 07 在【图层】面板中单击【创建新的填充或调整图层】按钮，在弹出的列表中选择【曲线】命令，在【属性】面板中添加一个编辑点，将【输入】、【输出】分别设置为111、128，如图3-195所示。

图3-195

Step 08 在【图层】面板中选择【曲线 3】图层右侧的图层蒙版，将背景色设置为黑色，按Ctrl+Delete组合键填充背景色，在工具箱中单击【画笔工具】，将前景色设置为白色，在工作区中进行涂抹，效果如图3-196所示。

Step 09 在菜单栏中选择【文件】|【置入嵌入对象】命令，在弹出的对话框中选择"素材\Cha03\素材28.jpg"素材文

件，单击【置入】按钮，在工作区中调整其位置与大小，调整完成后，按Enter键完成置入，如图3-197所示。

图3-196

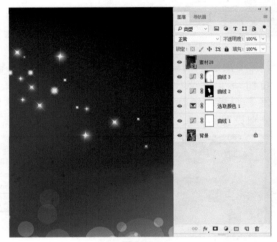

图3-197

Step 10 在【图层】面板中选择【素材28】图层，将【混合模式】设置为【滤色】，效果如图3-198所示。

图3-198

- 素材：素材29.jpg
- 场景：黑白艺术照.psd

Step 01 打开"素材\Cha03\素材29.jpg"素材文件，如图3-199所示。

Step 02 在菜单栏中选择【图像】|【调整】|【黑白】命令，如图3-200所示。

图3-199   图3-200

Step 03 在弹出的【黑白】对话框中将【红色】、【黄色】、【绿色】、【青色】、【蓝色】、【洋红】分别设置为40%、104%、162%、60%、-26%、80%，如图3-201所示。

图3-201

Step 04 设置完成后，单击【确定】按钮，即可将照片转换为黑白艺术照，效果如图3-202所示。

图3-202

实例 079 制作彩色绘画照片效果

⊕ 素材：素材30.jpg、素材31.jpg、素材32.png
⊕ 场景：制作彩色绘画照片效果.psd

Step 01 启动软件，按Ctrl+N组合键，在弹出的【新建文档】对话框中将【宽度】、【高度】分别设置为1674、1132像素，将【分辨率】设置为72像素/英寸，将【背景内容】设置为【白色】，如图3-203所示。

图3-203

Step 02 设置完成后，单击【创建】按钮，在菜单栏中选择【文件】|【置入嵌入对象】命令，在弹出的对话框中选择"素材\Cha03\素材30.jpg"素材文件，单击【置入】按钮，在工作区中调整其位置与大小，调整完成后，按Enter键完成置入，如图3-204所示。

Step 03 在【图层】面板中单击【创建新的填充或调整图层】按钮 ◐，在弹出的列表中选择【阈值】命令，在【属性】面板中将【阈值色阶】设置为113，如图3-205

所示。

图3-204

图3-205

Step 04 根据前面所介绍的方法将"素材\Cha03\素材31.jpg"素材文件置入文档中，并调整其位置与大小，按Enter键完成置入，在【图层】面板中选择【素材31】图层，将【混合模式】设置为【滤色】，如图3-206所示。

图3-206

Step 05 将"素材\Cha03\素材32.png"素材文件置入文档中，并调整其位置与大小，按Enter键完成置入，效果如图3-207所示。

图3-207

Step 06 在【图层】面板中选择【素材31】图层，按Ctrl+J快捷组合键进行拷贝，将【素材31 拷贝】图层调整至【素材32】图层的上方，将【混合模式】设置为【正常】，在工作区中调整其位置，效果如图3-208所示。

图3-208

Step 07 在【图层】面板中选择【素材 31 拷贝】图层，右击鼠标，在弹出的快捷菜单中选择【创建剪贴蒙版】命令，如图3-209所示。

图3-209

Step 08 执行该操作后，即可创建剪贴蒙版，完成后的效果如图3-210所示。

图3-210

实例 080 制作人物剪影

- 素材：素材33.jpg、素材34.jpg、素材35.png
- 场景：制作人物剪影.psd

Step 01 打开"素材\Cha03\素材33.jpg"素材文件，如图3-211所示。

图3-211

Step 02 在菜单栏中选择【文件】|【置入嵌入对象】命令，在弹出的对话框中选择"素材\Cha03\素材34.jpg"素材文件，单击【置入】按钮，在工作区中调整其位置与大小，调整完成后，按Enter键完成置入，如图3-212所示。

图3-212

在【图层】面板中选择【素材34】图层,将【混合模式】设置为【滤色】,将【不透明度】设置为90%,如图3-213所示。

Step 04 使用同样的方法将"素材35.png"素材文件置入文档中,并调整其位置与大小,按Enter键完成置入,效果如图3-214所示。

图3-213   图3-214

Step 05 在【图层】面板中选择【背景】图层,按Ctrl+J组合键拷贝图层,选择【背景 拷贝】图层,将其调整至【素材35】图层的上方,并在【背景 拷贝】图层上右击鼠标,在弹出的快捷菜单中选择【创建剪贴蒙版】命令,如图3-215所示。

Step 06 执行完操作后,即可完成人物剪影效果,如图3-216所示。

图3-215   图3-216

第 **4** 章　平面广告设计中常用字体的表现

本章导读…

　　本章介绍了运用Photoshop制作各种字体的方法，如巧克力字、钢纹字、玉雕文字等的制作方法。制作文字是平面广告设计中最为重要的环节，这些文字的表现将直接影响平面广告的整体效果。

实例 081 制作对页杂志广告

◉ 素材：素材1.jpg
◉ 场景：制作对页杂志广告.psd

Step 01 按Ctrl+N快捷键，弹出【新建文档】对话框，将【宽度】、【高度】分别设置为1518、1020像素，【分辨率】设置为72像素/英寸，【颜色模式】设置为【RGB颜色/8位】，【背景颜色】设置为黑色，单击【创建】按钮，如图4-1所示。

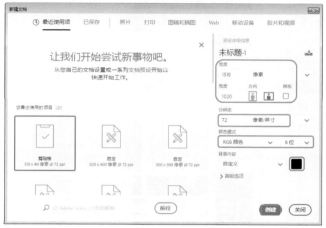

图4-1

Step 02 在菜单栏中选择【文件】|【置入嵌入对象】命令，弹出【置入嵌入的对象】对话框，选择"素材\Cha04\素材1.jpg"素材文件，单击【置入】按钮，调整素材的大小及位置，如图4-2所示。

图4-2

Step 03 在【图层】面板中选中【素材1】图层，单击【添加矢量蒙版】按钮 ▢，在工具箱中单击【画笔工具】按钮 ✎，在工具选项栏中选择一种柔边缘画笔，将【画笔大小】设置为400像素，【硬度】设置为0%，【不透明度】设置为10%，确认前景色为黑色，在工作界面中对图像多次进行涂抹，效果如图4-3所示。

图4-3

Step 04 在工具箱中单击【横排文字工具】按钮 T，输入文本Aestheticism，在【字符】面板中将【字体】设置为Tiranti Solid LET，【字体大小】设置为200点，【字符间距】设置为50，【颜色】设置为白色，单击【仿粗体】按钮 T，如图4-4所示。

图4-4

Step 05 在工具箱中单击【横排文字工具】按钮 T，输入文本内容，在【字符】面板中将【字体】设置为Tiranti Solid LET，【字体大小】设置为24点，【行距】设置为35点，【字符间距】设置为50，【颜色】设置为白色，单击【仿粗体】按钮 T，如图4-5所示。

图4-5

实例 082 制作粉笔字

● 素材：素材2.jpg
● 场景：制作粉笔字.psd

Step 01 按Ctrl+O组合键，打开"素材\Cha04\素材2.jpg素"材文件，如图4-6所示。

图4-6

Step 02 在工具箱中单击【横排文字工具】按钮 T.，输入文本"再见 青春"，在【字符】面板中将【字体】设置为【经典粗仿黑】，【字体大小】设置为200点，【字符间距】设置为0，【颜色】设置为白色，如图4-7所示。

图4-7

Step 03 将【再见 青春】图层按住鼠标拖曳至【创建新图层】按钮上 复制图层，将复制后的图层名称重命名为"粉笔字"，单击鼠标右键，在弹出的快捷菜单中选择【栅格化文字】命令，取消显示【再见 青春】图层，如图4-8所示。

图4-8

Step 04 按住Ctrl键的同时单击【粉笔字】图层左侧的缩略图，载入文字选区，选中【粉笔字】图层，单击【图层】面板底部的【添加矢量蒙版】按钮 ，在菜单栏中选择【滤镜】|【像素化】|【铜版雕刻】命令，将【类型】设置为中长描边，单击【确定】按钮，如图4-9所示。

图4-9

Step 05 继续在菜单栏中选择【滤镜】|【像素化】|【铜版雕刻】命令，将【类型】设置为粗网点，单击【确定】按钮，如图4-10所示。

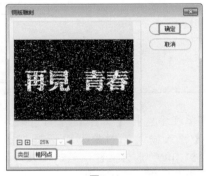

图4-10

Step 06 按Ctrl+Alt+F组合键加深效果，最终效果如图4-11所示。

图4-11

实例 083 制作美食画册封面

● 素材：素材3.jpg
● 场景：制作美食画册封面.psd

Step 01 按Ctrl+O组合键，打开"素材\Cha04\素材3.jpg"

素材文件，如图4-12所示。

图4-12

Step 02 在【图层】面板中双击【背景】图层，弹出【新建图层】对话框，保持默认设置，单击【确定】按钮，如图4-13所示。

图4-13

Step 03 将【前景色】设置为黑色，新建【图层1】，将【图层1】调整至【图层0】的下方，按Alt+Delete组合键填充前景色，选择【图层0】图层，将【不透明度】设置为60%，如图4-14所示。

图4-14

Step 04 在工具箱中单击【矩形工具】按钮 □，在工具选项栏中将【工具模式】设置为【形状】，【填充】设置为无，【描边】设置为白色，【描边宽度】设置为35像

素，绘制矩形，将W、H分别设置为1978、2240像素，调整矩形的位置，将【矩形1】图层移动至【图层0】上方，如图4-15所示。

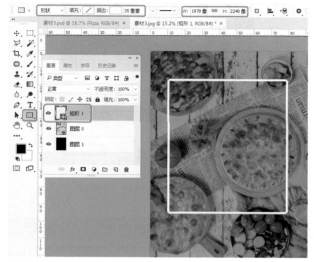

图4-15

Step 05 新建【图层2】，在工具箱中单击【横排文字蒙版工具】按钮 ☷，在工作界面中单击鼠标左键，输入文本delicious food，将【字体】设置为Latha，【字体大小】设置为300点，【行距】设置为400点，【字符间距】设置为0，单击【全部大写字母】 **TT** 按钮，按Ctrl+Enter组合键确认，设置【背景色】为白色，按Ctrl+Delete组合键填充背景色，如图4-16所示。

图4-16

Step 06 按Ctrl+D组合键取消选区，在工具箱中单击【横排文字工具】按钮 T，输入文本，在【字符】面板中将【字体】设置为【Adobe 黑体 Std】，【字体大小】设置为40点，【字符间距】设置为300，【颜色】设置为白色，单击【仿粗体】按钮 **T** 和【全部大写字母】按钮 **TT**，如图4-17所示。

Step 07 在工具箱中单击【横排文字工具】按钮 T，输入文本，在【字符】面板中将【字体】设置为【黑体】，【字体大小】设置为150点，【字符间距】设置为300，【颜色】设置为白色，单击【仿粗体】按钮 T，如图4-18所示。

图4-17

图4-18

Step 08 在工具箱中单击【直线工具】按钮 ，在工具选项栏中将【工具模式】设置为【形状】，【填充】设置为白色，【描边】设置为无，【粗细】设置为10像素，按住Shift键绘制直线段，如图4-19所示。

图4-19

Step 09 在工具箱中单击【横排文字工具】按钮 T，输入文本，在【字符】面板中将【字体】设置为【Adobe 黑体Std】，【字体大小】设置为50点，【字符间距】设置为

300，【颜色】设置为白色，单击【仿粗体】按钮 T 和【全部大写字母】按钮 TT，如图4-20所示。

图4-20

Step 10 在工具箱中单击【横排文字工具】按钮 T，输入文本，在【字符】面板中将【字体】设置为【Adobe 黑体Std】，【字体大小】设置为136点，【字符间距】设置为200，【颜色】设置为白色，单击【仿粗体】按钮 T和【全部大写字母】按钮 TT，如图4-21所示。

图4-21

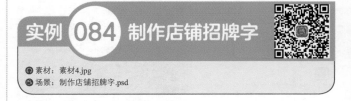

实例 084 制作店铺招牌字

⊙ 素材：素材4.jpg
⊙ 场景：制作店铺招牌字.psd

Step 01 打开"素材\Cha04\素材4.jpg"素材文件，如图4-22所示。

图4-22

Photoshop图像处理+网店美工+特效制作 完全实训手册

Step 02 在工具箱中选择【横排文字工具】按钮 T,，输入文本Baikali，在【字符】面板中将【字体】设置为BetterHeather，将【字体大小】设置为45点，【字符间距】设置为100，将文本颜色设置为黑色，单击【仿粗体】按钮 T，如图4-23所示。

图4-23

Step 03 按Ctrl+Enter组合键确认输入，按Ctrl+T组合键，在工具选项栏中将【旋转】设置为15度，效果如图4-24所示。

图4-24

Step 04 按Enter键确认，将场景进行保存即可。

实例 085 制作霓虹文字

● 素材：素材5.jpg、光效.jpg
● 场景：制作霓虹文字.psd

Step 01 按Ctrl+O组合键，打开"素材\Cha04\素材5.jpg"素材文件，如图4-25所示。

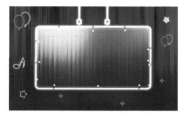

图4-25

Step 02 在工具箱中单击【横排文字工具】按钮 T,，输入文本，将【字体】设置为Stencil Std，【字体大小】设置为185点，【字符间距】设置为320，【颜色】设置为黑色，如图4-26所示。

图4-26

Step 03 在BARPOP文本图层上双击鼠标，弹出【图层样式】对话框，勾选【描边】复选框，将【结构】选项组中的【大小】设置为1像素，【位置】设置为【外部】，【混合模式】设置为【颜色减淡】，【不透明度】设置为54%，【填充类型】设置为颜色，【颜色】设置为白色，如图4-27所示。

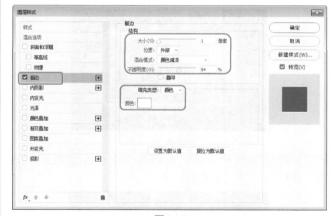

图4-27

Step 04 勾选【外发光】复选框，将【结构】选项组下的【混合模式】设置为【颜色减淡】，【不透明度】设置为53%，【杂色】设置为0%，【颜色】设置为白色，将【图素】组下的【方法】设置为【柔和】，【扩展】、【大小】分别设置为0%、6像素，将【品质】下的【范围】、【抖动】分别设置为50%、0%，单击【确定】按钮，如图4-28所示。

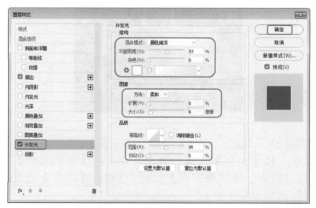

图4-28

Step 05 将文本图层的【混合模式】设置为【减去】，效果如图4-29所示。

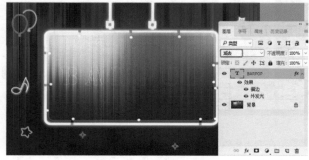

图4-29

Step 06 此时文字虽然呈现出霓虹效果，但是效果并不明显，所以需要进行复制并调整位置，单击工具箱中的【移动工具】按钮，然后按住Alt键拖曳文字进行移动并复制，使文字出现重影效果，如图4-30所示。

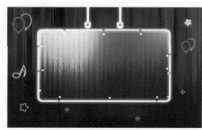

图4-30

Step 07 使用同样的方法，复制多个图层，增加重影效果，此时文字效果如图4-31所示。

图4-31

Step 08 在菜单栏中选择【文件】|【置入嵌入对象】命

令，弹出【置入嵌入的对象】对话框，选择"素材\Cha04\光效.jpg"素材文件，单击【置入】按钮，调整素材的大小及位置，在【图层】面板中选择【光效】图层，将【混合模式】设置为【滤色】，如图4-32所示。

图4-32

实例 086 制作简约标志

⊙ 素材：素材6.jpg
⊙ 场景：制作简约标志.psd

Step 01 按Ctrl+O组合键，打开"素材\Cha04\素材6.jpg"素材文件，如图4-33所示。

Step 02 在工具箱中单击【矩形工具】按钮，在工具选项栏中将【工具模式】设置为【形状】，【填充颜色】设置为#429fb6，【描边】设置为无，在工作界面中绘制矩形，将W、H均设置为140像素，如图4-34所示。

图4-33

图4-34

Photoshop图像处理+网店美工+特效制作 完全实训手册

Step 03 在工具箱中单击【横排文字工具】按钮 **T.**，输入文本，将【字体】设置为【创艺简黑体】，【字体大小】设置为22点，【颜色】设置为白色，如图4-35所示。

图4-35

Step 04 使用同样的方法，制作出如图4-36所示的效果。

图4-36

实例 **087** 制作变形文字

◎ 素材：素材7.jpg
◎ 场景：制作变形文字.psd

Step 01 按Ctrl+O组合键，打开"素材\Cha04\素材7.jpg"素材文件，如图4-37所示。

图4-37

Step 02 在工具箱中单击【横排文字工具】按钮 **T.**，输入文本，将【字体】设置为【方正粗宋简体】，【字体大小】设置为185点，【字符间距】设置为0，【垂直缩放】设置为105%，【颜色】设置为# 603819，如图4-38所示。

图4-38

Step 03 在工具箱中单击【横排文字工具】按钮 **T.**，输入文本，将【字体】设置为【微软雅黑】，【字体大小】设置为45点，【字符间距】设置为80，【垂直缩放】设置为100%，【颜色】设置为# 3a3b3b，如图4-39所示。

图4-39

Step 04 在工具栏中单击【创建文字变形】按钮 **工**，弹出【变形文字】对话框，将【样式】设置为【扇形】，选中【水平】单选按钮，将【弯曲】、【水平扭曲】、【垂直扭曲】分别设置为13%、0%、0%，如图4-40所示。

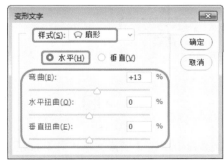

图4-40

Step 05 单击【确定】按钮，按Ctrl+T组合键，适当地对变形文字进行旋转调整角度，效果如图4-41所示。

图4-41

实例 **088** 创意文字设计

● 素材：素材8.jpg、圣诞素材文件夹\1.png
● 场景：创意文字设计.psd

Step 01 按Ctrl+O组合键，打开"素材\Cha04\素材8.jpg"素材文件，如图4-42所示。

图4-42

Step 02 在【图层】面板的底部单击【创建新组】按钮，双击创建的新组，重新命名为"圣组"，如图4-43所示。

图4-43

Step 03 在工具箱中单击【横排文字工具】按钮 T，输入文本，将【字体】设置为【华康少女文字W5（P）】，【字体大小】设置为517点，【字符间距】设置为0，【颜色】设置为# a30808，单击【仿粗体】按钮 T，如图4-44所示。

图4-44

Step 04 在工具箱中单击【椭圆工具】按钮 ○，在工具选项栏中将【工具模式】设置为【形状】，将【填充】设置为# 22670a，【描边】设置为无，在【圣】下方按住鼠标左键拖曳绘制椭圆形状，如图4-45所示。

图4-45

Step 05 在菜单栏中选择【图层】|【创建剪贴蒙版】命令，创建剪贴蒙版后的效果如图4-46所示。

图4-46

Step 06 在菜单栏中选择【文件】|【置入嵌入对象】命令，弹出【置入嵌入的对象】对话框，选择"素材\Cha04\圣诞素材文件夹\1.png"素材文件，单击【置

Photoshop图像处理+网店美工+特效制作 完全实训手册

入】按钮，调整素材的大小及位置，如图4-47所示。

图4-47

Step 07 在工具箱中单击【钢笔工具】按钮，在工具选项栏中将【工具模式】设置为【形状】，【填充】设置为白色，【描边】设置为无，在文字上方绘制积雪形状，如图4-48所示。

图4-48

Step 08 以上制作的图层全部在【圣组】中，在【图层】面板中选择【圣组】图层，在菜单栏中选择【图层】|【图层样式】|【描边】命令，在弹出的【图层样式】对话框中设置为【大小】为13像素，【位置】设置为【外部】，【混合模式】设置为【正常】，【不透明度】设置为100%，【颜色】设置为白色，如图4-49所示。

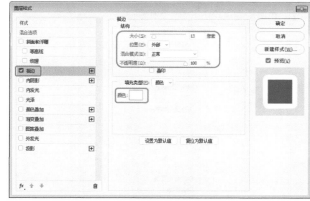

图4-49

Step 09 勾选【内发光】复选框，设置【混合模式】为【滤色】，【不透明度】设置为63%，【发光颜色】设置为白色，【方法】设置为【柔和】，【大小】设置为7像素，【范围】设置为50%，单击【确定】按钮，如图4-50所示。

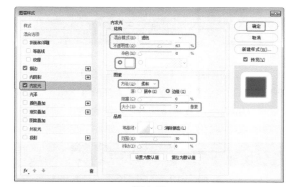

图4-50

Step 10 此时效果如图4-51所示。

图4-51

Step 11 使用同样的方法制作出其他的文字，效果如图4-52所示。

图4-52

实例 **089** 制作火焰字

◎ 素材：素材9.jpg、火.png

◎ 场景：制作火焰字.psd

Step 01 按Ctrl+O组合键，打开"素材\Cha04\素材9.jpg"

素材文件，如图4-53所示。

图4-53

Step 02 在工具箱中单击【横排文字工具】按钮 **T.**，输入文本FLAME，将【字体】设置为Hobo Std，【字体大小】设置为800点，【字符间距】设置为0，【颜色】设置为#800808，取消【仿粗体】，如图4-54所示。

图4-54

Step 03 在【图层】面板中选择文字图层，在菜单栏中选择【图层】|【图层样式】|【内发光】命令，在弹出的【图层样式】对话框中将【混合模式】设置为【正常】，【不透明度】设置为100%，【内发光颜色】设置为#ffba00，【方法】设置为【精确】，选中【边缘】单选按钮，【阻塞】设置为60%，【大小】设置为20像素，【范围】设置为50%，如图4-55所示。

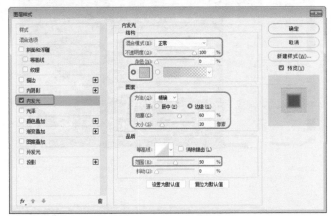

图4-55

Step 04 勾选【投影】复选框，将【混合模式】设置为【正常】，【阴影颜色】设置为# ff0000，【不透明度】设置为75%，【角度】设置为30度，【距离】设置为0像素，【扩展】设置为36%，【大小】设置为40像素，单击【确定】按钮，如图4-56所示。

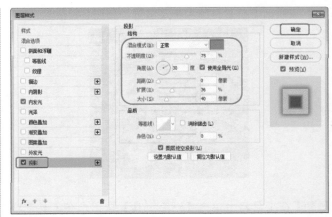

图4-56

Step 05 将FLAME图层复制一层，在复制后的【FLAME拷贝】图层上单击鼠标右键，在弹出的快捷菜单中选择【栅格化文字】命令，如图4-57所示。

图4-57

Step 06 再次在图层上单击鼠标右键，在弹出的快捷菜单中选择【栅格化图层样式】命令，如图4-58所示。

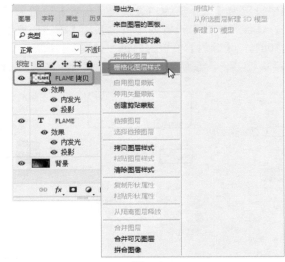

图4-58

Step 07 取消FLAME文本显示，选择【FLAME 拷贝】图层，在菜单栏中选择【滤镜】|【液化】命令，单击【向前变形工具】按钮 🖉，将【大小】设置为180，【浓度】设置为50，在画面中对文字进行涂抹，达到文字变形的目的，如图4-59所示。

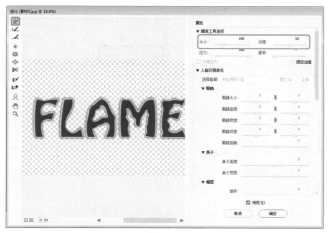

图4-59

Step 08 单击【确定】按钮，在菜单栏中选择【文件】|【置入嵌入对象】命令，弹出【置入嵌入的对象】对话框，选择"素材\Cha04\火.png"素材文件，单击【置入】按钮，调整素材的大小及位置，将图层栅格化，如图4-60所示。

图4-60

Step 09 下面开始处理文字与火焰处的衔接效果。选择【FLAME 拷贝】图层，将【前景色】设置为黑色，单击【图层】面板底部的【添加图层蒙版】按钮 ▣ ，为图层添加图层蒙版，使用黑色的柔角画笔在文字上涂抹，如图4-61所示。

图4-61

实例 090 制作奶酪文字

◉ 素材：素材10.jpg
◉ 场景：制作奶酪文字.psd

Step 01 按Ctrl+O组合键，打开"素材\Cha04\素材10.jpg"素材文件，如图4-62所示。

Step 02 在工具箱中单击【横排文字工具】按钮 T.，输入文本，将【字体】设置为Hobo Std，【字体大小】设置为704点，【垂直缩放】设置为93%，【颜色】设置为#f39a2c，如图4-63所示。

图4-62

图4-63

Step 03 选择文字图层，单击【图层】面板底部的【添加图层蒙版】按钮，在工具箱中单击【椭圆选框工具】按钮 ○.，在选项栏中单击【添加到选区】按钮 ▢，在工作界面绘制多个椭圆形选区，如图4-64所示。

图4-64

Step 04 将前景色设置为黑色，单击选中文字图层的蒙版，按Alt+Delete组合键填充前景色，按Ctrl+D组合键取消选区，此时文字上绘制的椭圆形将被隐藏，如图4-65所示。

图4-65

Step 05 选中文字图层，在菜单栏中选择【图层】|【图层样式】|【投影】命令，在弹出的【图层样式】对话框中将【混合模式】设置为【正片叠底】，【阴影颜色】设置为黑色，【不透明度】设置为30%，【角度】设置为120度，【距离】设置为6像素，【扩展】设置为0%，【大小】设置为4像素，单击【确定】按钮，如图4-66所示。

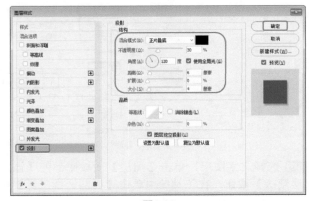

图4-66

Step 06 选择文字图层，按Ctrl+J组合键将图层复制一份，双击文字拷贝图层缩览图，即可选中文字，如图4-67所示。

图4-67

Step 07 在【字符】面板中将文本颜色设置为#f5b537，如

图4-68所示。

图4-68

Step 08 选择黄色文字，在菜单栏中选择【图层】|【图层样式】|【清除图层样式】命令，将黄色文字向上移动，如图4-69所示。

图4-69

Step 09 使用同样的方法复制一份文字，将颜色设置为#f7eba7，调整文字的位置，如图4-70所示。

图4-70

Step 10 选择淡黄色的文字图层，在菜单栏中选择【图层】|【图层样式】|【斜面和浮雕】命令，在弹出的【图层样式】对话框中将【样式】设置为【内斜面】，【方法】设置为【平滑】，【深度】设置为50%，【方向】设置为【上】，【大小】设置为0像素，【软化】设置为4像素，【角度】设置为120度，【高度】设置为

30度，【阴影颜色】设置为# 5f451f，如图4-71所示。

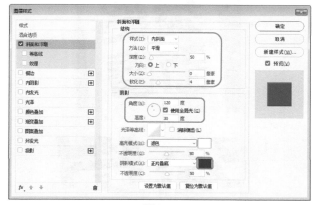

图4-71

Step 11 勾选【图案叠加】复选框，然后来设置图案。单击图案右侧的下三角按钮，在弹出的下拉列表中单击右侧的按钮✿，在弹出的下拉菜单中选择【侵蚀纹理】命令，弹出Adobe Photoshop对话框，单击【追加】按钮，如图4-72所示。

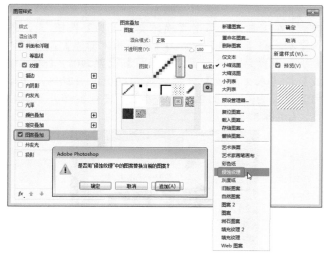

图4-72

Step 12 在图案列表中选择如图4-73所示的图案。

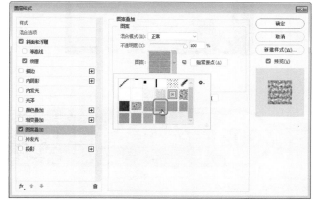

图4-73

Step 13 将【混合模式】设置为【颜色加深】，【不透明度】设置为70，【缩放】设置 为100%，如图4-74所示。

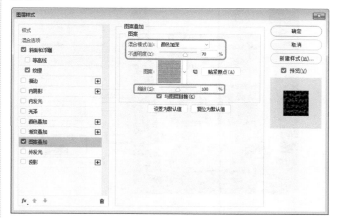

图4-74

Step 14 单击【确定】按钮，返回至工作界面，效果如图4-75所示。

图4-75

实例 091 制作新春贺卡

◉ 素材：素材11.jpg
◉ 场景：制作新春贺卡.psd

Step 01 按Ctrl+O组合键，打开"素材\Cha04\素材11.jpg"素材文件，如图4-76所示。

Step 02 在工具箱中单击【横排文字工具】按钮 **T**，输入文本，将【字体】设置为【方正综艺简体】，【字体大小】设置为170点，【行距】设置为220点，【字符间距】设置为0，【垂直缩放】、【水平缩放】均设置为120%，【颜色】设置为# e60012，如图4-77所示。

图4-76

图4-77

Step 03 按Ctrl+T组合键，将【旋转】设置为6度，如图4-78所示。

Step 04 按Enter键确认，将文本进行复制，得到【恭贺 新春 拷贝】图层，在图层上单击鼠标右键，在弹出的快捷菜单中选择【栅格化文字】命令，将【恭贺 新春】图层隐藏，如图4-79所示。

图4-78

图4-79

Step 05 确认选中【恭贺 新春 拷贝】图层，单击【图层】面板底部的【添加矢量蒙版】按钮 ◻，使用【画笔工具】 ✎，在文字上进行涂抹，如图4-80所示。

Step 06 在工具箱中单击【直排文字工具】按钮 ⬚T，输入文本，将【字体】设置为【方正康体简体】，【字体大小】设置为24点，【字符间距】设置为-20，【垂直缩放】、【水平缩放】均设置为100%，【颜色】设置为# e60012，适当对文字进行旋转并调整位置，如图4-81所示。

图4-80

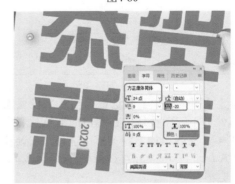

图4-81

Step 07 在工具箱中单击【横排文字工具】按钮 T.，输入文本，将【字体】设置为【方正粗宋简体】，【字体大小】设置为20点，【字符间距】设置为0，【垂直缩放】、【水平缩放】分别设置为100%、120%，【颜色】设置为# e60012，适当对文字进行旋转并调整位置，如图4-82所示。

图4-82

实例 092 制作杂志页面

⦿ 素材：素材12.jpg
⦿ 场景：制作杂志页面.psd

Step 01 按Ctrl+N组合键，弹出【新建文档】对话框，将【宽度】、【高度】分别设置为1500、785像素，【分辨率】设置为300像素/英寸，【背景颜色】设置为#e8e8e8，单击【创建】按钮，如图4-83所示。

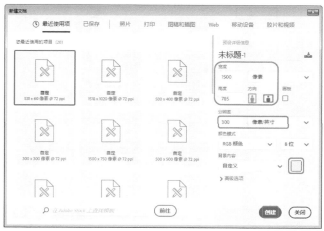

图4-83

Step 02 在工具箱中单击【横排文字工具】按钮 T，输入文本，将【字体】设置为Impact，【字体大小】设置为14，【字符间距】设置为0，【垂直缩放】、【水平缩放】均设置为100%，【颜色】设置为黑色，如图4-84所示。

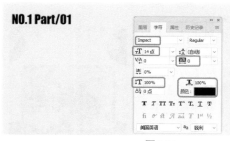

图4-84

Step 03 将NO.1文本颜色设置为#9a9999，将/01文本颜色设置为52557e，更改文本颜色后的效果如图4-85所示。

Step 04 在工具箱中单击【横排文字工具】按钮 T，在工作界面中绘制文本框，如图4-86所示。

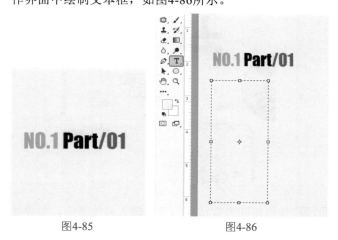

图4-85   图4-86

Step 05 在文本框中输入文本，将【字体】设置为【微软雅黑】，【字体大小】设置为3.8点，【行距】设置为5点，【字符间距】设置为-20，【颜色】设置为黑色，如图4-87所示。

图4-87

Step 06 继续制作其他的段落文本内容，如图4-88所示。

图4-88

Step 07 在工具箱中单击【钢笔工具】按钮，在工具选项栏中将【工具模式】设置为【形状】，【填充】设置为黑色，【描边】设置为无，在工作界面中绘制形状，如图4-89所示。

图4-89

Step 08 在菜单栏中选择【文件】|【置入嵌入对象】命令，弹出【置入嵌入的对象】对话框，选择"素材\Cha04\素材12.jpg"素材文件，单击【置入】按钮，调

整素材的大小及位置，如图4-90所示。

图4-90

Step 09 置入完成后按Enter键进行确认，在【图层】面板中选择【素材12】图层，单击鼠标右键，在弹出的快捷菜单中选择【创建剪贴蒙版】命令，最终效果如图4-91所示。

图4-91

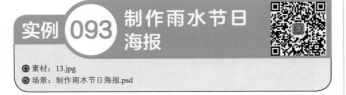

实例 093 制作雨水节日海报

- 素材：13.jpg
- 场景：制作雨水节日海报.psd

Step 01 按Ctrl+O组合键，打开"素材\Cha04\素材13.jpg"素材文件，如图4-92所示。

Step 02 在工具箱中单击【直排文字工具】按钮 T，输入文本，将【字体】设置为【华文行楷】，【字体大小】设置为230，【字符间距】设置为0，【颜色】设置为# 62a27c，如图4-93所示。

图4-92

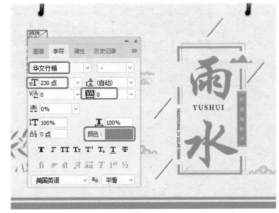

图4-93

实例 094 制作豆粒字效果

- 素材：素材14.jpg、五谷.jpg、素材15.png
- 场景：制作豆粒字效果.psd

Step 01 按Ctrl+O组合键，打开"素材\Cha04\素材14.jpg"素材文件，如图4-94所示。

Step 02 在工具箱中单击【横排文字工具】按钮，输入文本，将【字体】设置为【方正平和简体】，将【字体大小】设置为430点，将【文本颜色】设置为#823135，如图4-95所示。

图4-94

图4-95

Step 03 使用相同的方法在场景中输入其他文字，效果如图4-96所示。

图4-96

Step 04 在【图层】面板中选择四个文字图层，按Ctrl+E组合键，将其进行合并，将文本图层重新命名为"五谷杂粮"，效果如图4-97所示。

图4-97

Step 05 按住Ctrl键的同时单击【文本】图层，合并图层的缩览图，将文字载入选区，如图4-98所示。

图4-98

Step 06 确定选区处于选择状态，在【图层】面板中将该图层进行隐藏，效果如图4-99所示。

Step 07 确定选区处于选择状态，单击【图层】面板上的【创建新图层】按钮，新建新图层，进入【路径】面板，并单击其下方的【从选区生成工作路径】按钮 ◇，将选区转换为路径，如图4-100所示。

Step 08 按Ctrl+D组合键取消选区，在工具箱中单击【画笔工具】按钮 ✎，在工具选项栏中将【不透明度】和【流量】都设置为100%，按F5键在弹出的面板中选择【尖角30】，将【大小】设置为27，将【硬度】和【间距】分别设置为100%、150%，取消勾选【形状动态】复选框，如图4-101所示。

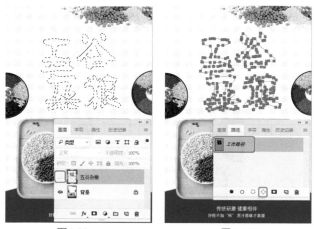

图4-99　　　　　　　　　图4-100

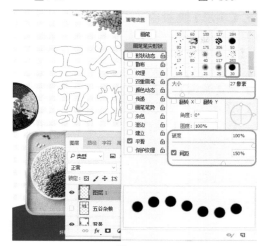

图4-101

Step 09 确认【前景色】为黑色，在工具箱中单击【钢笔工具】按钮，在路径上单击鼠标右键，在弹出的快捷菜单中选择【描边路径】命令，如图4-102所示。

Step 10 弹出【描边路径】对话框，将【工具】设置为【画笔】，单击【确定】按钮，描边路径后的效果如图4-103所示。

图4-102　　　　　　　　　图4-103

Step 11 在【路径】面板中将路径拖曳至面板底端的【删除当前路径】按钮上，删除路径后的效果如图4-104所示。

图4-104

Step 12 在【图层】面板中双击【图层1】，在弹出的对话框中勾选【斜面和浮雕】复选框，将【深度】设置为100%，【大小】、【软化】分别设置为10像素、0像素，【角度】、【高度】均设置为30度，【高光模式】设置为【滤色】，【颜色】设置为白色，【不透明度】设置为75%，【阴影模式】设置为【正片叠底】，【颜色】设置为黑色，【不透明度】设置为75%，如图4-105所示。

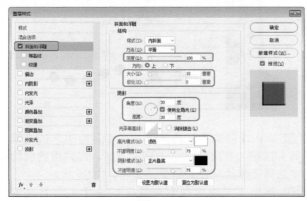

图4-105

Step 13 在该对话框中勾选【描边】复选框，在【结构】选项组中将【大小】设置为2像素，将【位置】设置为【外部】，将【描边颜色】设置为#b89090，如图4-106所示。

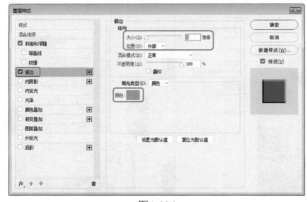

图4-106

Step 14 再勾选【渐变叠加】复选框，将渐变颜色设置为【前景色到透明渐变】，将左侧色标的颜色设置#823135，将【角度】设置为0度，如图4-107所示。

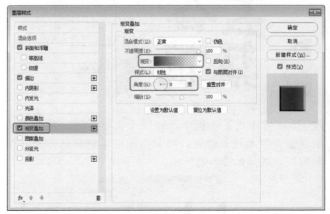

图4-107

Step 15 勾选【投影】复选框，将【不透明度】设置为50%，将【角度】设置为120度，将【距离】、【扩展】、【大小】分别设置为10像素、0%、10像素，如图4-108所示。

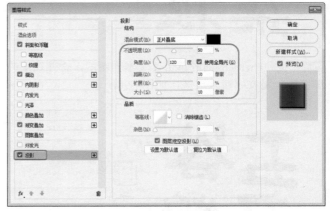

图4-108

Step 16 单击【确定】按钮，即可完成对豆粒文字的设置，效果如图4-109所示。

图4-109

Step 17 在菜单栏中选择【文件】|【置入嵌入对象】命

令，在弹出的对话框中选择"素材\Cha04\五谷.jpg"素材文件，如图4-110所示。

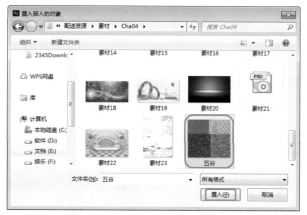

图4-110

Step 18 单击【置入】按钮，调整素材文件位置，按Enter键完成置入，将该图层调整至【图层1】的下方，适当调整素材文件的位置，效果如图4-111所示。

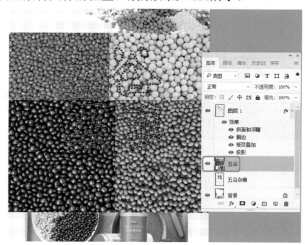

图4-111

Step 19 按住Ctrl键在隐藏图层的缩略图上单击鼠标，将其载入选区，如图4-112所示。

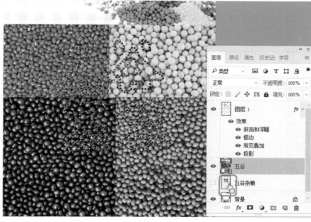

图4-112

Step 20 在【图层】面板中将置入的图层进行栅格化，按Shift+Ctrl+I组合键，将选区进行反选，按Delete键将选区中的对象删除，按Ctrl+D组合键取消选区，在菜单栏中选择【文件】|【置入嵌入对象】命令，弹出【置入嵌入的对象】对话框，选择"素材\Cha04\素材15.png"素材文件，单击【置入】按钮，调整素材的大小及位置，效果如图4-113所示，将制作完成后的场景进行保存即可。

图4-113

实例 095 制作石刻文字

○ 素材：素材16.jpg
○ 场景：制作石刻文字.psd

Step 01 按Ctrl+O组合键，打开"素材\Cha04\素材16.jpg"素材文件，在工具箱中选择【直排文字工具】T，输入"五岳独尊"，在工具选项栏中将【字体】设置为【方正行楷简体】，【字体大小】设置为90点，【字符间距】设置为-20，将【颜色】设置为# ff0000，单击【仿粗体】按钮 T，效果如图4-114所示。

图4-114

Step 02 在【图层】面板中将其【填充】设置为30%，【混合模式】设置为【变暗】，按Enter键确认，如图4-115所示。

Step 03 然后在【图层】面板中双击文字图层，在弹出的【图层样式】对话框中勾选【斜面和浮雕】复选框，在【结构】选项组中将【样式】设置为【外斜面】，将【方法】设置为【雕刻清晰】，将【深度】设置为1%，将【方向】设置为【下】，将【大小】设置为5像素，在【阴影】选项组中勾选【使用全局光】复选框，将【角度】设置为30度，将【高度】设置为35度，如图4-116所示。

图4-115

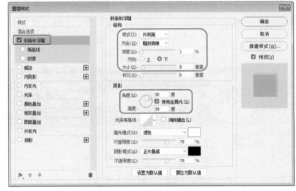

图4-116

Step 04 勾选【内阴影】复选框，将【不透明度】设置为75%，将【角度】设置为30度，将【距离】设置为2像素，将【阻塞】设置为0%，将【大小】设置为5像素，单击【确定】按钮，如图4-117所示。

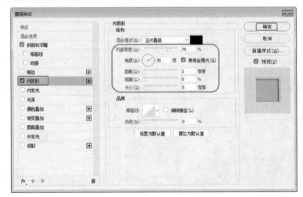

图4-117

Step 05 按Ctrl+T组合键，对文字对象进行适当的旋转，调整文字的位置，最终效果如图4-118所示。

图4-118

实例 **096** 制作钢纹字

◎ 素材：素材17.jpg、图案.pat
◎ 场景：制作钢纹字.psd

Step 01 按Ctrl+O组合键，打开"素材\Cha04\素材17.jpg"素材文件，如图4-119所示。

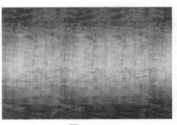

图4-119

Step 02 在工具箱中单击【横排文字工具】按钮，输入文本，将【字体】设置为【方正水柱简体】，将【字体大小】设置为95点，【字符间距】设置为0，将【文本颜色】设置为黑色，如图4-120所示。

图4-120

Step 03 在文本图层上双击鼠标，弹出【图层样式】对话框，勾选【斜面和浮雕】复选框，在【结构】选项组中将【样式】设置为【内斜面】，【方法】设置为【平滑】，【深度】设置为450%，【方向】设置为【上】，【大小】、【软化】分别设置为4像素、0像素，将【阴影】选项组中的【角度】、【高度】分别设置为90、30，如图4-121所示。

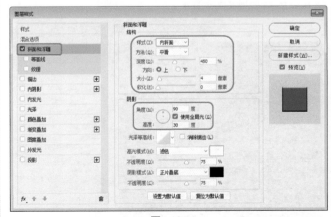

图4-121

Step 04 勾选【描边】复选框，将【大小】设置为2像素，【位置】设置为【外部】，【不透明度】设置为76%，【填充类型】设置为【颜色】，【颜色】设置为# 748d9e，如图4-122所示。

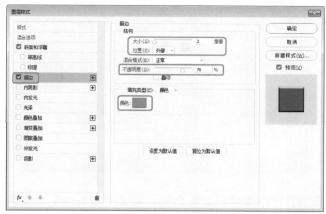

图4-122

图4-124

Step 05 勾选【光泽】复选框，将【混合模式】设置为【正片叠底】，【颜色】设置为白色，【不透明度】设置为60%，【角度】设置为19度，【距离】、【大小】分别设置为10像素、15像素，将【等高线】设置为【高斯】，取消勾选【消除锯齿】复选框，勾选【反相】复选框，如图4-123所示。

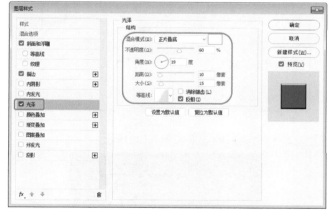

图4-123

Step 06 勾选【渐变叠加】复选框，单击【渐变】右侧的颜色条，弹出【渐变编辑器】对话框，将0%位置处的色标颜色设置为# a4a3a3，在11%、38%、62%位置处添加色标，将颜色设置为白色，在25%位置处添加色标，将颜色设置为# c0c0c0，在50%处添加色标，将颜色设置为# c0c0c0，在73%位置处添加色标，将73%和100%位置处的色标颜色都设置为# a9a9a9，将【名称】设置为"灰白渐变"，如图4-124所示。

Step 07 单击【确定】按钮，返回至【图层样式】对话框，将【不透明度】设置为20%，【角度】设置为125度，【缩放】设置为130%，如图4-125所示。

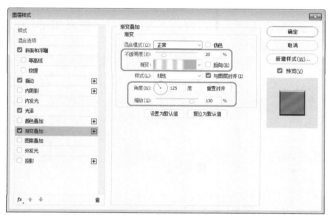

图4-125

Step 08 勾选【图案叠加】复选框，单击【图案】右侧的下三角按钮，在弹出的下拉列表中单击右侧的按钮，在弹出的下拉菜单中选择【替换图案】命令，如图4-126所示。

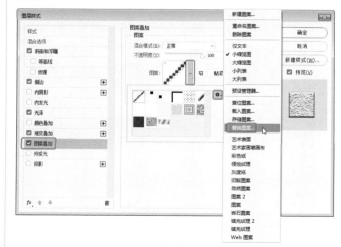

图4-126

Step 09 在弹出的【载入】对话框中，选择"素材\Cha04\图案.pat"素材文件，单击【载入】按钮，如图4-127所示。

图4-127

Step 10 单击【图案】右侧的下三角按钮，选择如图4-128所示的图案。

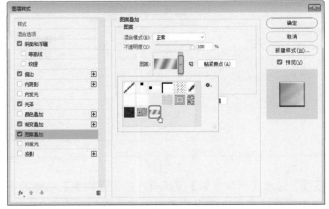

图4-128

Step 11 勾选【纹理】复选框，使用同样的方法，载入图案，将【缩放】、【深度】均设置为5%，如图4-129所示。

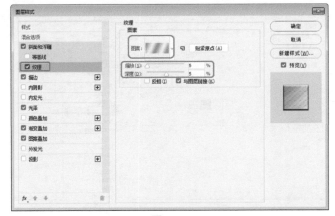

图4-129

Step 12 勾选【外发光】复选框，将【混合模式】设置为【叠加】，【不透明度】、【杂色】分别设置为55%、0%，【颜色】设置为黑色，将【图素】选项组下的【方法】设置为【柔和】，【扩展】、【大小】分别都设

置为15%、15像素，将【品质】选项组下的【范围】、【抖动】分别设置为50%、0%，如图4-130所示。

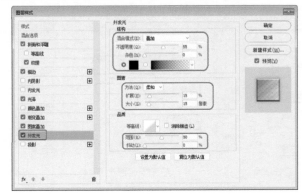

图4-130

Step 13 勾选【投影】复选框，将【不透明度】、【角度】、【距离】、【扩展】、【大小】分别设置为45%、90度、10像素、35%、20像素，单击【确定】按钮，如图4-131所示。

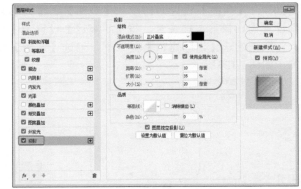

图4-131

Step 14 制作完成后的效果如图4-132所示。

图4-132

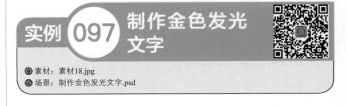

实例 **097** 制作金色发光文字

● 素材：素材18.jpg
● 场景：制作金色发光文字.psd

Step 01 启动Photoshop CC 2018，在菜单栏中选择【文

件】|【打开】命令，选择"素材\Cha04\素材18.jpg"素材文件，如图4-133所示。

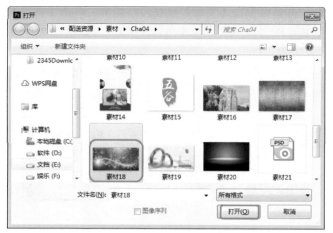

图4-133

Step 02 单击【打开】按钮，将选中的素材文件打开，效果如图4-134所示。

图4-134

Step 03 在工具箱中选择【横排文字工具】，在画布中单击输入文字wave，选择输入的文字将【字体】设置为Cooper Std，将【字体大小】设置为205点，【字符间距】设置为0，将字体颜色的RGB设置为213、185、0，完成后的效果如图4-135所示。

图4-135

Step 04 双击该图层，弹出【图层样式】对话框，勾选【斜面和浮雕】复选框，将【深度】设置为100%，将【大小】、【软化】分别设置为9像素、3像素，单击【光泽等高线】右侧的下三角按钮，在弹出的下拉列表中单击右侧的按钮❄，在弹出的下拉菜单中选择【等高线】命令，将【光泽等高线】设置为【锯齿斜面-圆角】，单击【阴影模式】右侧的色块，将RGB设置为213、185、0，如图4-136所示。

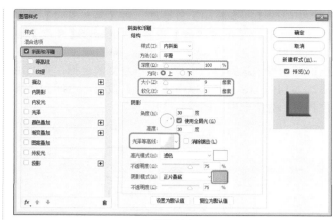

图4-136

Step 05 勾选【内阴影】复选框，将【混合模式】设置为【叠加】，单击其右侧的色块，将RGB设置为240、235、197，【不透明度】设置为75%，【角度】设置为30度，【距离】、【阻塞】、【大小】分别设置为5像素、0%、5像素，将【等高线】设置为【半圆】，如图4-137所示。

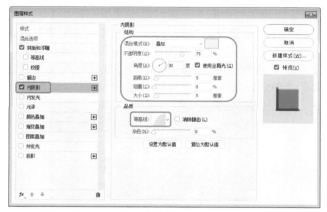

图4-137

Step 06 勾选【光泽】复选框，将【混合模式】设置为【滤色】，单击其右侧的色块，将RGB设置为245、202、45，将【不透明度】设置为50%，将【角度】设置为19度，将【距离】、【大小】分别设置为11像素、14像素，将【等高线】设置为【内凹-深】，如图4-138所示。

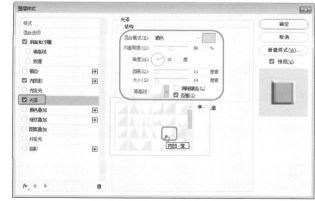

图4-138

Step 07 勾选【渐变叠加】复选框，将【混合模式】设置为【柔光】，【不透明度】设置为100%，【角度】设置为90度，【缩放】设置为100%，单击渐变条，在弹出的对话框中选择黑白渐变，单击左侧的色标，将RGB更改为149、46、47，单击【确定】按钮，返回到【图层样式】对话框中，如图4-139所示。

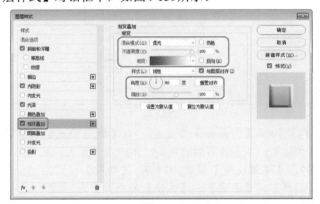

图4-139

Step 08 勾选【投影】复选框，单击【混合模式】右侧的色块，将RGB设置为146、133、5，【不透明度】设置为75%，【角度】设置为30度，【距离】、【扩展】、【大小】分别设置为5像素、0%、5像素，设置完成后单击【确定】按钮，效果如图4-140所示。

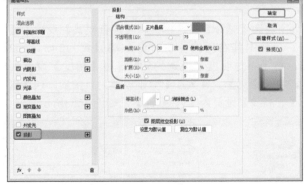

图4-140

Step 09 按Ctrl键单击文字图层的缩略图，将文字载入选区，在菜单栏中选择【选择】|【修改】|【扩展】命令，弹出【扩展选区】对话框，将【扩展量】设置为8像素，如图4-141所示。

Step 10 单击【确定】按钮，将前景色RGB设置为243、231、142，新建图层，按Alt+Delete组合键为选区填充该颜色，在【图层】面板中将其拖曳至wave图层的下

方，选择【图层1】，在菜单栏中选择【滤镜】|【模糊】|【高斯模糊】命令，弹出【高斯模糊】对话框，在该对话框中将【半径】设置为15像素，单击【确定】按钮，即可为图层添加【高斯模糊】，完成后的效果如图4-142所示。

图4-141

图4-142

Step 11 新建【图层2】，为图层填充白色，将前景色RGB设置为244、226、85，在工具箱中选择【画笔工具】，在工具选项栏中单击【切换"画笔设置"面板】按钮 ，在【画笔设置】面板中选择【喷溅ktw3】，适当调整大小，将工具选项栏中的【模式】设置为清除，然后在画布上多次单击，完成后的效果如图4-143所示。

图4-143

Step 12 将【图层2】的混合模式设置为【划分】，选择【图层1】，按住Ctrl键的同时单击左侧的缩略图，按Shift+F6组合键，弹出【羽化选区】对话框，将【羽化半径】设置为3像素，单击【确定】按钮，按Ctrl+Shift+I组合键进行反选，然后按Delete键删除，根据前面所介绍的方法输入其他文字，完成后的效果如图4-144所示。

图4-144

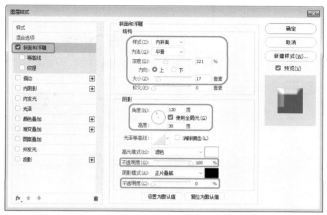

图4-146

实例 098 制作玉雕文字

◉ 素材：素材19.jpg
◉ 场景：制作玉雕文字.psd

Step 01 按Ctrl+O组合键，打开"素材\Cha04\素材19.jpg"素材文件，使用【横排文字工具】，单击鼠标输入文字，将【字体系列】设置为【字魂55号-龙吟手书】，将【字体大小】设置为340点，将字体颜色设置为#067906，完成后的效果如图4-145所示。

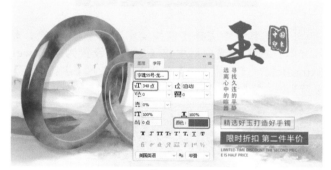

图4-145

Step 02 在文本图层上单击鼠标右键，在弹出的快捷菜单中选择【栅格化文字】命令，双击【玉】图层，弹出【图层样式】对话框，勾选【斜面和浮雕】复选框，将【样式】设置为【内斜面】，将【方法】设置为【平滑】，将【深度】设置为321%，将【大小】设置为17像素，将【角度】设置为120度，将【高度】设置为30度，将【高光模式】下的【不透明度】设置为100%，将【阴影模式】下的【不透明度】设置为0%，如图4-146所示。

Step 03 勾选【光泽】复选框，将【混合模式】设置为【正片叠底】，单击【混合模式】右侧的色块，在弹出的对话框中将RGB设置为23、169、8，单击【确定】按钮，将【不透明度】设置为50%，将【角度】设置为19度，将【距离】、【大小】均设置为88像素，勾选【消除锯齿】复选框，如图4-147所示。

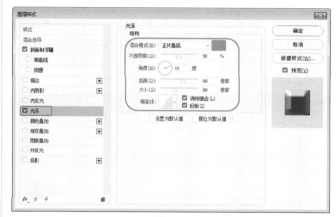

图4-147

Step 04 勾选【投影】复选框，将【混合模式】设置为【正片叠底】，将【不透明度】设置为75%，将【角度】设置为120度，将【距离】、【扩展】、【大小】分别设置为8像素、0%、8像素，如图4-148所示。

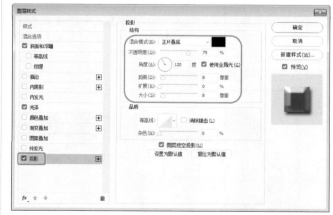

图4-148

Step 05 勾选【内阴影】复选框，单击【混合模式】右侧的色块，在弹出的对话框中将RGB设置为0、255、36，【不透明度】设置为75%，【角度】设置为120%，将【距离】设置为10像素，【阻塞】设置为0%，【大小】设置为10像素，如图4-149所示。

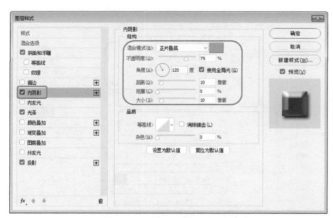

图4-149

Step 06 勾选【外发光】复选框，将【混合模式】设置为【滤色】，将【不透明度】设置为65%，【杂色】设置为0%，将【发光颜色】的RGB设置为61、219、25，将【大小】设置为50像素，将【范围】设置为50%，如图4-150所示。

图4-150

Step 07 将前景色设置为#0aa90a，将【玉】图层进行复制，按住Ctrl键的同时单击【玉 拷贝】图层左侧的缩略图，按Alt+Delete组合键，填充前景色，按Ctrl+D组合键取消选区，效果如图4-151所示。

图4-151

Step 08 使用同样的方法制作【镯】图层，效果如图4-152所示。

图4-152

实例 099 制作炫光字

> 素材：素材20.jpg、炫光字光效.psd
> 场景：制作炫光字.psd

Step 01 按Ctrl+O组合键，打开"素材\Cha04\素材20.jpg"素材文件，如图4-153所示。

图4-153

Step 02 在工具箱中选择【横排文字工具】按钮 T.，输入文本，在工具选项栏中将【字体】设置为Rockwell Extra Bold，【字体大小】设置为120点，【字符间距】设置为0，将【颜色】设置为黑色，如图4-154所示。

图4-154

Step 03 在【图层】面板中双击2020文本图层，弹出【图层样式】对话框，勾选【斜面和浮雕】复选框，在【结构】选项组下将【样式】设置为【内斜面】，【方法】设置为【平滑】，【深度】设置为1000%，【大小】、【软化】分别设置为6像素、0像素，将【阴影】选项组下方的【角度】、【高度】分别设置为120度、37度，将【高光模式】设置为【滤色】，【颜色】设置为白色，【不透明度】设置为70%，将【阴影模式】设置为【叠加】，【颜色】设置为白色，【不透明度】设置为45%，如图4-155所示。

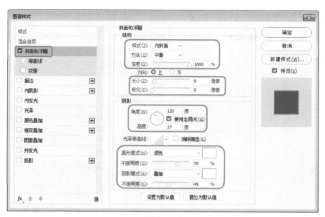

图4-155

Step 04 勾选【光泽】复选框，将【混合模式】设置为【线性减淡（添加）】，将颜色设置为白色，【不透明度】设置为26%，将【角度】设置为23度，将【距离】、【大小】分别设置为42像素、49像素，勾选【消除锯齿】复选框，【等高线】设置为【锥形】，如图4-156所示。

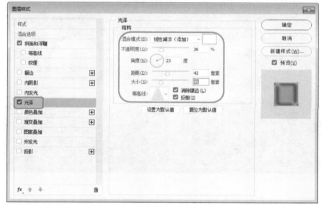

图4-156

Step 05 勾选【外发光】复选框，将【混合模式】设置为【颜色减淡】，将【不透明度】设置为17%，【杂色】设置为0%，将【颜色】设置为白色，【方法】设置为【柔和】，【扩展】设置为0，【大小】设置为30像素，将【范围】设置为24%，如图4-157所示。

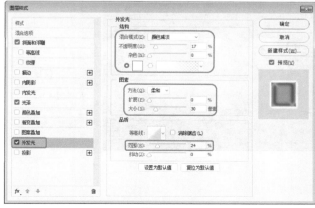

图4-157

Step 06 单击【确定】按钮，在【图层】面板中将【填充】设置为0%，对2020文本图层进行复制，在【2020拷贝】图层上单击鼠标右键，在弹出的快捷菜单中选择【栅格化文字】命令，按Ctrl+T组合键，在工作界面2020文本上单击鼠标右键，在弹出的快捷菜单中选择【垂直翻转】命令，适当地调整文字的位置，按Enter键确认变换，如图4-158所示。

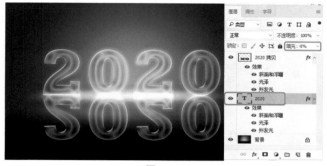

图4-158

Step 07 在【图层】面板中选中【2020拷贝】图层，单击【添加矢量蒙版】按钮 ▢ ，在工具箱中单击【渐变工具】按钮 ▢ ，将【渐变】设置为黑白渐变，确认前景色为黑色，背景色为白色，在工作界面中拖曳鼠标，制作出炫光字的倒影效果，如图4-159所示。

图4-159

Step 08 选中2020文本图层，对图层进行复制，将【文本颜色】更改为白色，单击鼠标右键，在弹出的快捷菜单中选择【清除图层】命令，再次在图层上单击鼠标右键，在弹出的快捷菜单中选择【栅格化文字】命令，按住Ctrl键在左侧的缩略图上单击鼠标，如图4-160所示。

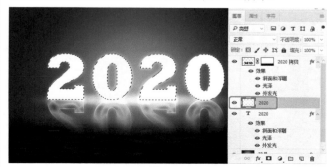

图4-160

Step 09 在工具箱中单击【矩形选框工具】按钮 □ ，在工具选项栏中单击【从选区减去】按钮 □ ，在2020文本的下半部分进行框选，减去文本的下半部分，如图4-161所示。

图4-161

Step 10 在【图层】面板中单击【添加矢量蒙版】按钮 □ ，在图层上双击鼠标，弹出【图层样式】对话框，勾选【渐变叠加】复选框，将【混合模式】设置为【线性减淡（添加）】，取消勾选【仿色】复选框，【不透明度】设置为27%，单击【渐变】右侧的渐变条，选择【前景色到透明渐变】按钮，将左侧色标、右侧色标都设置为白色，单击【确定】按钮，将【角度】设置为-90度，【缩放】设置为54%，单击【确定】按钮，如图4-162所示。

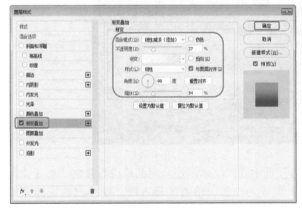

图4-162

Step 11 在【图层】面板中将【混合模式】设置为【叠加】，【填充】设置为0%，如图4-163所示。

图4-163

Step 12 按Ctrl+O组合键，打开"素材\Cha04\炫光字光效.psd"素材文件，选择G1~G4图层，如图4-164所示。

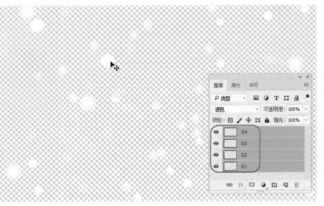

图4-164

Step 13 将对象拖曳至"素材20"场景文件中，调整对象的位置，将图层顺序调整至顶层，如图4-165所示。

图4-165

Step 14 在【图层】面板中单击【创建新的填充或调整图层】按钮 ● ，在弹出的下拉菜单中选择【曲线】命令，在【属性】面板中添加曲线点并进行设置，将A点【输入】、【输出】分别设置为67、55，将B点【输入】、【输出】分别设置为130、130，将C点【输入】、【输出】均设置为189，如图4-166所示。

图4-166

● 素材: 素材21.psd
● 场景: 制作巧克力文字.psd

Step 01 按Ctrl+O组合键，打开"素材\Cha04\素材21.psd"素材文件，选中【巧克力1】图层，单击左侧的 ● 按钮，将图层显示，如图4-167所示。

图4-167

Step 02 双击【巧克力1】图层，弹出【图层样式】对话框，勾选【描边】复选框，将【大小】设置为6像素，【位置】设置为【外部】，【不透明度】设置为100%，【填充类型】设置为【渐变】，单击【渐变】右侧的渐变条，弹出【渐变编辑器】对话框，选择【黑白渐变】 ■，将左侧色标设置为#d39235，右侧色标设置为白色，单击【确定】按钮，【样式】设置为【迸发状】，【角度】设置为90度，【缩放】设置为100%，如图4-168所示。

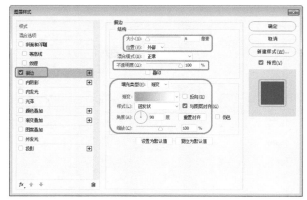
图4-168

Step 03 勾选【内发光】复选框，将【结构】选项组下方的【混合模式】设置为【正片叠底】，【不透明度】、【杂色】分别设置为89%、100%，将【颜色】设置为#a04c24，将【图素】选项组下方的【方法】设置为【精确】，【源】设置为【边缘】，【阻塞】、【大小】分别设置为32%、17像素，在【品质】选项组下将【等高线】设置为环形，【范围】、【抖动】分别设置为51%、0%，如图4-169所示。

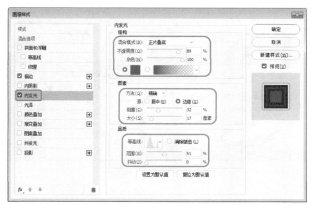
图4-169

Step 04 勾选【颜色叠加】复选框，将【混合模式】设置为【正常】，【颜色】设置为#b7731d，【不透明度】设置为100%，如图4-170所示。

图4-170

Step 05 勾选【投影】复选框，将【混合模式】设置为【正片叠底】，【颜色】设置为黑色，【不透明度】设置为87%，【角度】设置为120度，【距离】、【扩展】、【大小】分别设置为9像素、0%、27像素，在【品质】选项组下方将【杂色】设置为0%，如图4-171所示。

图4-171

Step 06 单击【确定】按钮，选中【巧克力2】图层，单击左侧的 ● 按钮，将图层显示，双击【巧克力2】图层，如图4-172所示。

图4-172

Step 07 弹出【图层样式】对话框，勾选【斜面和浮雕】复选框，将【样式】设置为【内斜面】，【方法】设置为【平滑】，【深度】设置为908%，【方向】设置为【上】，【大小】、【软化】分别设置为42像素、0像素，在【阴影】选项组下方将【角度】设置为120度，【高度】设置为30度，【光泽等高线】设置为【内凹-浅】，【高光模式】设置为【滤色】，【颜色】设置为白色，【不透明度】设置为100%，【阴影模式】设置为【正片叠底】，【颜色】设置为# 0e4678，【不透明度】设置为15%，如图4-173所示。

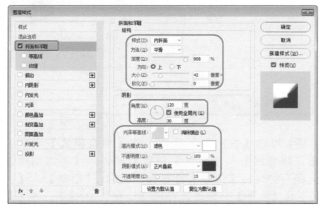

图4-173

Step 08 勾选【等高线】复选框，在【等高线】右侧的图标上单击鼠标，弹出【等高线编辑器】对话框，将【预设】设置为【自定】，在线段上添加点，将第一个点的【输入】、【输出】分别设置为0%、66%，将第二个点的【输入】、【输出】分别设置为10%、67%，将第三个点的【输入】、【输出】分别设置为20%、72%，将第四个点的【输入】、【输出】分别设置为54%、66%，将第五个点的【输入】、【输出】分别设置为91%、73%，将第六个点的【输入】、【输出】分别设置为100%、74%，单击【确定】按钮，【范围】设置为50%，如图4-174所示。

Step 09 勾选【内阴影】复选框，将【混合模式】设置为【正片叠底】，将右侧色块的颜色设置为#231815，【不透明度】设置为48%，【角度】设置为120度，将【距离】设置为8像素，【阻塞】设置为0%，【大小】

设置为12像素，如图4-175所示。

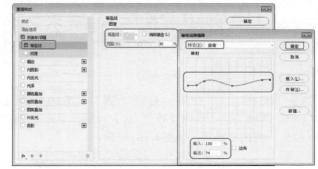

图4-174

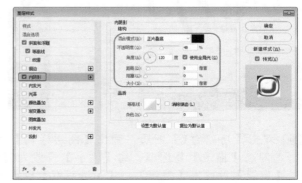

图4-175

Step 10 勾选【光泽】复选框，将【混合模式】设置为【正片叠底】，将颜色设置为#231815，【不透明度】分别设置为18%，将【角度】设置为20度，将【距离】、【大小】分别设置为42像素、19像素，取消勾选【消除锯齿】复选框，【等高线】设置为【环形-双】，如图4-176所示。

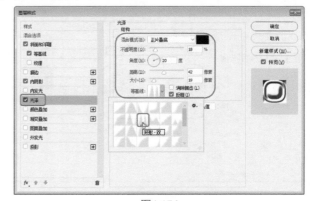

图4-176

Step 11 勾选【投影】复选框，将【混合模式】设置为【正片叠底】，【颜色】设置为黑色，【不透明度】设置为80%，【角度】设置为120度，【距离】、【扩展】、【大小】分别设置为8像素、0%、4像素，在【品质】选项组下方将【杂色】设置为0，如图4-177所示。

Step 12 单击【确定】按钮，选中【巧克力3】图层，单击左侧的 ◉ 按钮，将图层显示，双击【巧克力3】图层，如图4-178所示。

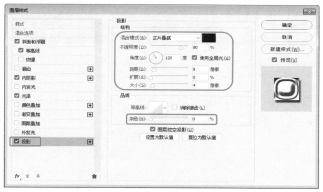

图4-177

图4-178

Step 13 弹出【图层样式】对话框,勾选【斜面和浮雕】复选框,将【样式】设置为【内斜面】,【方法】设置为【平滑】,【深度】设置为297%,【方向】设置为【上】,【大小】、【软化】分别设置为20像素、0像素,在【阴影】选项组下方将【角度】设置为120度,【高度】设置为30度,【光泽等高线】设置为【线性】,【高光模式】设置为【滤色】,【颜色】设置为白色,【不透明度】设置为100%,【阴影模式】设置为【正片叠底】,【颜色】设置为黑色,【不透明度】设置为75%,如图4-179所示。

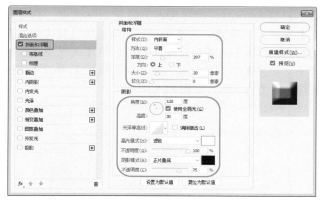

图4-179

Step 14 勾选【等高线】复选框,在【等高线】右侧的图标上单击鼠标,弹出【等高线编辑器】对话框,将【预设】设置为【自定】,在线段上添加点,将第一个点的

【输入】、【输出】分别设置为0%、0%,将第二个点的【输入】、【输出】分别设置为24%、0%,将第三个点的【输入】、【输出】分别设置为27%、5%,将第四个点的【输入】、【输出】分别设置为54%、54%,将第五个点的【输入】、【输出】分别设置为70%、83%,将第六个点的【输入】、【输出】分别设置为100%、100%,单击【确定】按钮,【范围】设置为90%,如图4-180所示。

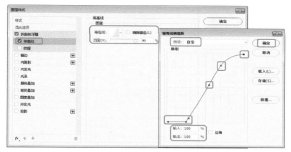

图4-180

Step 15 勾选【内发光】复选框,【混合模式】设置为【线性加深】,【不透明度】设置为75%,【杂色】设置为0%,【发光颜色】设置为# 8a5824,【方法】设置为【柔和】,选中【边缘】单选按钮,【阻塞】设置为0%,【大小】设置为8像素,【等高线】设置为【线性】,【范围】设置为50%,如图4-181所示。

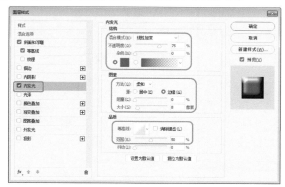

图4-181

Step 16 勾选【光泽】复选框,将【混合模式】设置为【叠加】,将颜色设置为# 661b16,【不透明度】设置为100%,将【角度】设置为90度,将【距离】、【大小】均设置为25像素,勾选【消除锯齿】复选框,【等高线】设置为【环形】,如图4-182所示。

Step 17 勾选【颜色叠加】复选框,将【混合模式】设置为【正常】,【颜色】设置为# 8c5924,【不透明度】设置为100%,如图4-183所示。

Step 18 勾选【投影】复选框,将【混合模式】设置为【正常】,【颜色】设置为# 945d25,【不透明度】设置为70%,【角度】设置为120度,【距离】、【扩展】、【大小】分别设置为6像素、0%、8像素,在【品质】选项组下方将【杂色】设置为0%,单击【确定】按钮,如

图4-184所示。

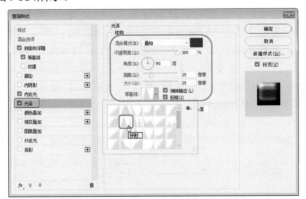

图4-182

图4-183

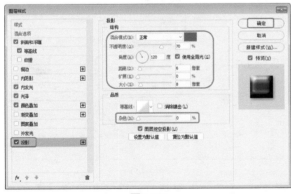

图4-184

Step 19 制作完成后的效果如图4-185所示。

图4-185

实例 101 制作卡通文字

⊙ 素材：素材22.jpg
⊙ 场景：制作卡通文字.psd

Step 01 按Ctrl+O组合键，打开"素材\Cha04\素材22.jpg"素材文件，如图4-186所示。

图4-186

Step 02 在工具箱中选择【横排文字工具】，输入文字L，将【字体】设置为【方正剪纸简体】，将【字体大小】设置为67.2点，将【字体颜色】设置为#ff0000，按Enter键，然后按Ctrl+T组合键，对其进行自由变换，设置完成后按Enter键确认输入，完成后的效果如图4-187所示。

图4-187

Step 03 打开【图层】面板，双击文字图层，打开【图层样式】对话框，勾选【斜面和浮雕】复选框，在【结构】选项组下设置【样式】为【浮雕效果】，将【深度】设置为200%，将【大小】设置为76像素，将【软化】设置为16像素，在【阴影】选项组下设置【角度】为120度，将【高度】设置为43度，将【高光模式】的【不透明度】设置为56%，将【阴影模式】下的【不透明度】设置为30%，如图4-188所示。

图4-188

Step 04 勾选【描边】复选框，将【大小】设置为15像素，将【位置】设置为【外部】，将【填充类型】设置为【颜色】，将【颜色】设置为白色，如图4-189所示。

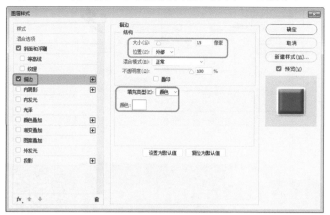

图4-189

Step 05 单击【确定】按钮，使用同样的方法输入其他文字，并对其进行相应的设置，完成后的效果如图4-190所示。

图4-190

实例 **102** 制作手写书法字

● 素材：素材23.jpg
● 场景：制作手写书法字.psd

Step 01 按Ctrl+O组合键，打开"素材\Cha04\素材23.jpg"素材文件，如图4-191所示。

Step 02 使用【横排文字工具】，分别输入文字"江""南""水""乡"，将"江""南""乡"的【字体】设置为【禹卫书法行书简体】，将【字体大小】设置为160点，将【字体颜色】设置为黑色，单击【仿粗体】按钮 **T**，将"水"的【字体】设置为【禹卫书法行书简体】，将【字体大小】设置为110点，将【水平缩放】设置为130，将【字体颜色】设置为黑色，单击【仿粗体】按钮 **T**，选中"乡"文字，将【水平缩放】设置为120，调整文字的位置，效果如图4-192所示。

图4-191　　　　　　图4-192

Step 03 新建【图层1】，在工具箱中单击【画笔工具】按钮 ，在工具选项栏中将【不透明度】和【流量】都设置为100%，按F5键在弹出的面板中选择【尖角123】，将【大小】设置为12，将【硬度】和【间距】分别设置为100%、5%，取消勾选【形状动态】复选框，在工作界面中进行涂抹，如图4-193所示。

图4-193

Step 04 在【图层】面板中选择【江】、【南】、【水】、【乡】、【图层1】文字图层，按Ctrl+E组合键拼合可见图层，将合并后的图层重命名为"江南水乡"，按住Ctrl键单击文字图层的缩略图将文字载入选区，按Shift+F6组合键，弹出【羽化选区】对话框，将【羽化半径】设置为3像素，设置完成后单击【确定】按钮，如图4-194所示。

图4-194

【羽化】：选区羽化是通过建立选区和选区周围像素之间的转换边界来模糊边缘的，这种模糊方式将丢失图像边缘的一些细节，但可以使选区边缘细化。

Step 05 按Ctrl+Shift+I组合键进行反选，然后按Delete键将其删除，按Ctrl+D组合键，完成后的效果如图4-195所示。

图4-195

Step 06 确定文字图层处于选择状态，单击鼠标右键，在弹出的快捷菜单中选择【转换为智能对象】命令，在菜单栏中选择【滤镜】|【锐化】|【USM锐化】命令，在弹出的对话框中将【数量】、【半径】、【阈值】分别设置为219%、4.7像素、130色阶，设置完成后单击【确定】按钮，如图4-196所示。

图4-196

Step 07 在菜单栏中选择【滤镜】|【模糊】|【径向模糊】命令，在弹出的对话框中将【模糊方法】设置为【缩放】，将【数量】设置为3，设置完成后单击【确定】按钮，如图4-197所示。

Step 08 至此，手写书法字就制作完成了，效果如图4-198所示，将制作的场景进行保存即可。

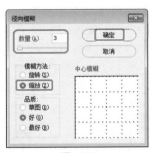

图4-197

图4-198

实例 103 制作海报文字

◉ 素材：素材24.jpg
◉ 场景：制作海报文字.psd

Step 01 按Ctrl+O组合键，打开"素材\Cha04\素材24.jpg"素材文件，如图4-199所示。

Step 02 在工具箱中选择【横排文字工具】，输入文字，将【字体】设置为【方正综艺简体】，将【字体大小】设置为330点，【行距】设置为【（自动）】，【字符间距】设置为50，将【字体颜色】设置为# 56bafa，如图4-200所示。

图4-199

图4-200

Step 03 在工具箱中单击【矩形工具】按钮 □，在工具属性栏中将【工具模式】设置为【形状】，【填充】设置为# 1e86c9，【描边】设置为无，在工作界面中绘制矩形，如图4-201所示。

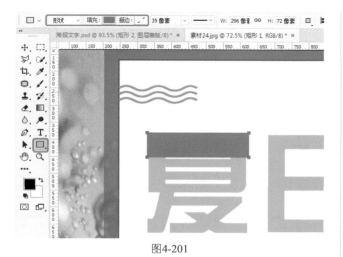

图4-201

Step 04 在【图层】面板中单击【添加图层蒙版】按钮，单击【渐变工具】按钮 ■ ，单击工具选项栏的渐变条，弹出【渐变编辑器】对话框，将【渐变】设置为黑白渐变，单击【确定】按钮，在工作界面中拖曳鼠标，渐变效果如图4-202所示。

图4-202

Step 05 在【矩形1】图层上单击鼠标右键，在弹出的快捷菜单中选择【创建剪贴蒙版】命令，此时效果如图4-203所示。

图4-203

Step 06 使用同样的方法，为文字制作其他的阴影部分，如图4-204所示。

图4-204

实例 104 制作牛奶文字

- 素材：素材25.jpg、牛奶.png
- 场景：制作牛奶文字.psd

Step 01 按Ctrl+O组合键，打开"素材\Cha04\素材25.jpg"素材文件，如图4-205所示。

图4-205

Step 02 在工具箱中选择【横排文字工具】，输入文字，将【字体】设置为【汉仪超粗宋简】，将【字体大小】设置为170点，【行距】设置为【（自动）】，【字符间距】设置为0，【水平缩放】设置为110，将【字体颜色】设置为白色，如图4-206所示。

图4-206

Step 03 双击【纯牛奶】图层，弹出【图层样式】对话框，勾选【斜面和浮雕】复选框，将【样式】设置为【内斜面】，【方法】设置为【平滑】，【深度】设置为100%，【方向】设置为【上】，【大小】、【软化】分别设置为16像素、1像素，在【阴影】选项组下方将【角度】设置为90度，【高度】设置为65度，【光泽等高线】设置为【线性】，【高光模式】设置为【滤色】，【颜色】设置为白色，【不透明度】设置为75%，【阴影模式】设置为【正片叠底】，【颜色】设置为黑色，【不透明度】设置为75%，如图4-207所示。

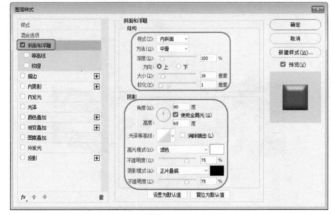

图4-207

Step 04 勾选【投影】复选框，将【混合模式】设置为【正片叠底】，【阴影颜色】设置为黑色，【不透明度】设置为52%，【角度】设置为90度，【距离】设置为10像素，【扩展】设置为0%，【大小】设置为8像素，单击【确定】按钮，如图4-208所示。

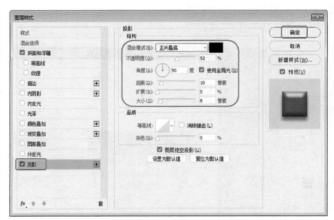

图4-208

Step 05 在菜单栏中选择【文件】|【置入嵌入对象】命令，弹出【置入嵌入的对象】对话框，选择"素材\Cha04\牛奶.png"素材文件，单击【置入】按钮，调整素材位置，如图4-209所示。

Step 06 在【牛奶】图层上单击鼠标右键，在弹出的快捷菜单中选择【创建剪贴蒙版】命令，牛奶效果如图4-210所示。

图4-209　　　　　　　　　图4-210

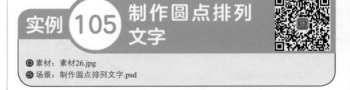

实例 105 制作圆点排列文字

素材：素材26.jpg
场景：制作圆点排列文字.psd

Step 01 按Ctrl+O组合键，打开"素材\Cha04\素材26.jpg"素材文件，如图4-211所示。

Step 02 在工具箱中选择【直排文字蒙版工具】，打开【通道】面板，单击【创建新通道】按钮 创建Alpha通道，在工具选项栏中将【字体】设置为【方正平和简体】，将【字体大小】设置为300点，在【字符】面板中将【字符间距】设置为-90，【水平缩放】和【垂直缩放】均设置为100%，设置完成后在画布中输入文字，如图4-212所示。

图4-211

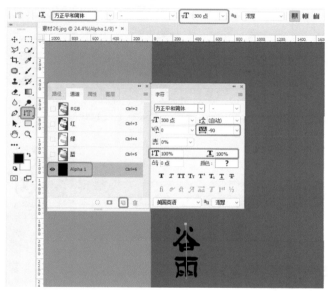

图4-212

Step 03 按Enter键确认输入文字，按Ctrl+Shift+I组合键进行反选，按Shift+F6组合键打开【羽化选区】对话框，在该对话框中将【羽化半径】设置为3，单击【确定】按钮，将前景色设置为白色，按Alt+Delete组合键为选区填充颜色，按Ctrl+D组合键取消选区，完成后的效果如图4-213所示。

Step 04 在菜单栏中选择【滤镜】|【像素化】|【彩色半调】命令，打开【彩色半调】对话框，在该对话框中将【最大半径】设置为5，单击【确定】按钮，如图4-214所示。

图4-213

图4-214

Step 05 按住Ctrl键单击Alpha通道前面的缩略图，将其载入选区，打开【图层】面板，新建一图层，按Shift+Ctrl+I组合键进行反选，将【前景色】设置为#1f783e，按Alt+Delete组合键进行填充，然后按Ctrl+D组合键，调整其位置完成后的效果如图4-215所示。

图4-215

◎提示•○

　　【彩色半调】滤镜可以将图像的每一个通道划分出矩形的区域，在以矩形区域亮度成比例的圆形替代这些矩形，圆形的大小和矩形的亮度成比例。

第5章 宣传折页设计

 本章导读...

　　宣传折页是以一个完整的宣传形式，针对销售季节或流行期、有关企业和人员、展销会和洽谈会以及购买货物的消费者进行邮寄、分发、赠送，以扩大企业和商品的知名度，推销产品和加强购买者对商品的了解，强化了广告的效用。

实例 106 制作企业折页正面

- 素材：素材1.jpg、素材2.png、素材3.png
- 场景：制作企业折页正面.psd

Step 01 按Ctrl+N组合键，弹出【新建文档】对话框，将【宽度】、【高度】分别设置为1713、1240像素，【分辨率】设置为150像素/英寸，【颜色模式】设置为【RGB颜色/8位】，【背景颜色】设置为# f0f0f0，单击【创建】按钮，如图5-1所示。

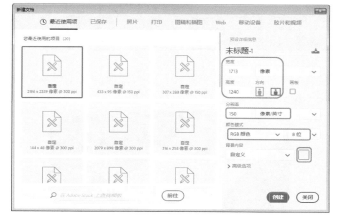

图5-1

Step 02 在工具箱中单击【钢笔工具】按钮，将【工具模式】设置为【形状】，【填充】设置为黑色，【描边】设置为无，绘制如图5-2所示的图形。

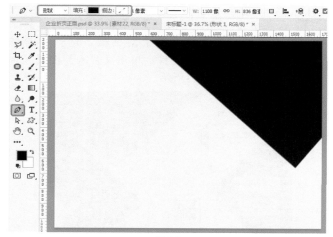

图5-2

Step 03 在菜单栏中选择【文件】|【置入嵌入对象】命令，弹出【置入嵌入的对象】对话框，选择"素材\Cha05\素材1.jpg"素材文件，单击【置入】按钮，对素材进行调整，在图层上单击鼠标右键，在弹出的快捷菜单中选择【创建剪贴蒙版】命令，创建剪贴蒙版后的效果如图5-3所示。

图5-3

Step 04 在工具箱中单击【钢笔工具】按钮，将【工具模式】设置为【形状】，【填充】设置为# d2231f，【描边】设置为无，绘制如图5-4所示的图形，在【图层】面板中将【不透明度】设置为90%。

图5-4

Step 05 在工具箱中单击【钢笔工具】按钮，将【工具模式】设置为【形状】，【填充】设置为# d2231e，【描边】设置为无，绘制如图5-5所示的图形。

图5-5

Step 06 在工具箱中单击【直线工具】按钮，在工具选项栏中将【工具模式】设置为【形状】，【描边】设置为无，【填充】设置为# d2231e，【粗细】设置为5像素，【描边选项】设置为直线段，绘制如图5-6所示的线段。

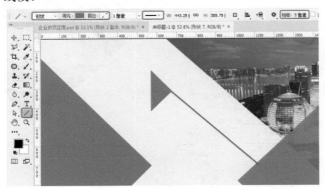

图5-6

Step 07 在工具箱中单击【多边形工具】按钮 ◯，将【工具模式】设置为【形状】，【填充】设置为白色，【描边】设置为无，【边】设置为6，绘制两个六边形，将W、H分别设置为40、46像素，如图5-7所示。

图5-7

Step 08 将左侧多边形的【不透明度】设置为80%，在工具箱中单击【横排文字工具】 T，在工作区中单击鼠标，输入文字BRAND，在【字符】面板中将【字体】设置为Arial，【字体系列】设置为Bold，将【字体大小】设置为17.8点，将【字符间距】设置为25，将【颜色】设置为白色，如图5-8所示。

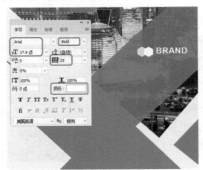

图5-8

Step 09 在工具箱中单击【横排文字工具】 T，在工作区中单击鼠标，输入文字CRAFTSMANSHIP CULTURE，在【字符】面板中将【字体】设置为【方正大黑简体】，将【字体大小】设置为4.7点，将【字符间距】设置为0，将【颜色】设置为白色，如图5-9所示。

图5-9

Step 10 使用【横排文字工具】输入其他的文本对象，效果如图5-10所示。

图5-10

Step 11 在菜单栏中选择【文件】|【置入嵌入对象】命令，弹出【置入嵌入的对象】对话框，选择"素材\Cha05\素材2.png"素材文件，单击【置入】按钮，对素材进行调整，如图5-11所示。

图5-11

Step 12 在菜单栏中选择【文件】|【置入嵌入对象】命令，弹出【置入嵌入的对象】对话框，选择"素材\Cha05\素材3.png"素材文件，单击【置入】按钮，对素材进行调整，如图5-12所示。

Photoshop图像处理+网店美工+特效制作 完全实训手册

图5-12

实例 **107** 制作企业折页反面

◎ 素材：素材4.jpg、素材6.jpg、素材7.png
◎ 场景：制作企业折页反面.psd

Step 01 按Ctrl+O组合键，打开"素材\Cha05\素材4.jpg"素材文件，如图5-13所示。

Step 02 在工具箱中单击【横排文字工具】 T，在工作区中单击鼠标，输入文字，在【字符】面板中将【字体】设置为【微软雅黑】，【字体系列】设置为Bold，将【字体大小】设置为20点，将【字符间距】设置为0，将【颜色】设置为白色，如图5-14所示。

图5-13   图5-14

Step 03 在工具箱中单击【横排文字工具】 T，输入段落文本，在【字符】面板中将【字体】设置为【Adobe 黑体 Std】，将【字体大小】设置为9点，【行距】设置为19点，将【字符间距】设置为50，将【颜色】设置为白色，在【段落】面板中将【首行缩进】设置为20点，如图5-15所示。

Step 04 在工具箱中单击【钢笔工具】按钮，将【工具模式】设置为【形状】，【填充】设置为黑色，【描边】设置为无，绘制如图5-16所示的图形。

图5-15

图5-16

Step 05 在菜单栏中选择【文件】|【置入嵌入对象】命令，弹出【置入嵌入的对象】对话框，选择"素材\Cha05\素材5.jpg"素材文件，单击【置入】按钮，对素材进行调整，在图层上单击鼠标右键，在弹出的快捷菜单中选择【创建剪贴蒙版】命令，创建剪贴蒙版后的效果如图5-17所示。

图5-17

Step 06 使用同样的方法绘制图形，置入"素材6.jpg"素材文件，并创建剪贴蒙版，效果如图5-18所示。

图5-18

Step 07 在工具箱中单击【横排文字工具】 **T.**，输入文本，在【字符】面板中将【字体】设置为【方正综艺简体】，将【字体大小】设置为25点，将【字符间距】设置为100，将【颜色】设置为白色，如图5-19所示。

Step 08 在工具箱中单击【横排文字工具】 **T.**，输入段落文本，在【字符】面板中将【字体】设置为【Adobe 黑体 Std】，将【字体大小】设置为8点，【行距】设置为16点，将【字符间距】设置为0，将【颜色】设置为白色，在【段落】面板中将【首行缩进】设置为16点，如图5-20所示。

图5-19 图5-20

Step 09 在菜单栏中选择【文件】|【置入嵌入对象】命令，弹出【置入嵌入的对象】对话框，选择"素材\Cha05\素材7.png"素材文件，单击【置入】按钮，对素材进行调整，在工具箱中单击【横排文字工具】 **T.**，在工作区中单击鼠标，输入文字，在【字符】面板中将【字体】设置为【微软雅黑】，【字体系列】设置为Bold，将【字体大小】设置为12点，将【字符间距】设置为100，将【颜色】设置为# fac600，如图5-21所示。

Step 10 在工具箱中单击【横排文字工具】 **T.**，输入段落文本，在【字符】面板中将【字体】设置为【黑体】，将【字体大小】设置为8.23点，【行距】设置为9.5点，将

【字符间距】设置为100，将【颜色】设置为白色，在【段落】面板中将【首行缩进】设置为18点，如图5-22所示。

图5-21

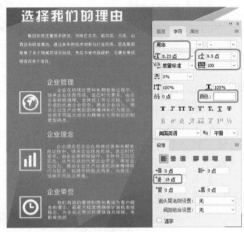

图5-22

Step 11 在工具箱中单击【横排文字工具】 **T.**，输入文本，在【字符】面板中将【字体】设置为【方正综艺简体】，将【字体大小】设置为20点，将【字符间距】设置为100，将【颜色】设置为# df0426，如图5-23所示。

Step 12 使用【横排文字工具】输入其他的文本，并对文本进行相应的设置，最终效果如图5-24所示。

图5-23 图5-24

Step 01 按Ctrl+N组合键，弹出【新建文档】对话框，将【宽度】、【高度】分别设置为1739、1227像素，【分辨率】设置为72像素/英寸，【颜色模式】设置为【RGB颜色/8位】，【背景颜色】设置为# f0f0f0，单击【创建】按钮，如图5-25所示。

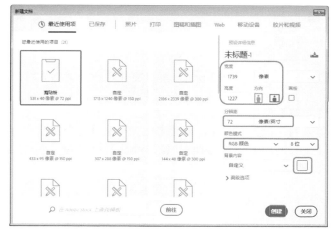

图5-25

Step 02 在工具箱中单击【椭圆工具】按钮 ○，在工具选项栏中将【工具模式】设置为【形状】，在【属性】面板中将【填充】设置为无，【描边】设置为# bd7f5d，设置【描边宽度】为3像素，绘制W、H均为664像素的圆，适当调整圆的位置，如图5-26所示。

图5-26

Step 03 在工具箱中单击【直排文字工具】 ，输入文本，在【字符】面板中将【字体】设置为【经典粗宋简】，将【字体大小】设置为166点，将【字符间距】设置为75，将【颜色】设置为# a24822，如图5-27所示。

图5-27

Step 04 在菜单栏中选择【文件】|【置入嵌入对象】命令，弹出【置入嵌入的对象】对话框，选择"素材\Cha05\素材11.png"素材文件，单击【置入】按钮，对素材进行调整，继续使用【直排文字工具】对如图5-28所示的文本进行相应的设置。

图5-28

Step 05 在工具箱中单击【钢笔工具】按钮 ，将【工具模式】设置为【形状】，【填充】设置为# 874a1e，【描边】设置为无，绘制如图5-29所示的图形，将【形状1】的【不透明度】设置为50%，【形状2】的【不透明度】设置为20%。

图5-29

Step 06 使用【钢笔工具】绘制黑色图形，置入"素材9.jpg"素材文件，适当调整素材，在【素材9】图层上单击鼠标右键，在弹出的快捷菜单中选择【创建剪贴蒙版】命令，创建剪贴蒙版后的效果如图5-30所示。

Step 07 在工具箱中单击【横排文字工具】 T，输入文本，在【字符】面板中将【字体】设置为【方正隶二简体】，将【字体大小】设置为150点，将【字符间距】设置为100，将【颜色】设置为# e3cab5，如图5-31所示。

图5-30

图5-31

Step 08 在工具箱中单击【横排文字工具】 T. ，输入文本，在【字符】面板中将【字体】设置为【黑体】，将【字体大小】设置为25点，将【字符间距】设置为200，将【颜色】设置为# a24822，如图5-32所示。

图5-32

Step 09 在工具箱中单击【椭圆工具】按钮 ○. ，在工具选项栏中将【工具模式】设置为【形状】，【描边】设

置为#bd7f5d，【描边】设置为无，在工作界面中绘制W、H均为311像素的圆，如图5-33所示。

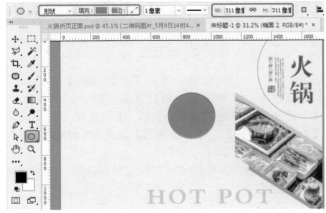

图5-33

Step 10 置入"素材12.png"素材文件，适当调整素材，在工具箱中单击【横排文字工具】 T. ，输入文本，在【字符】面板中将【字体】设置为【微软雅黑】，【字体系列】设置为Bold，将【字体大小】设置为23点，将【字符间距】设置为100，将【颜色】设置为白色，如图5-34所示。

图5-34

Step 11 使用前面介绍过的方法制作如图5-35所示的内容。

图5-35

Step 12 在工具箱中单击【自定形状工具】按钮 ⟡，将【工具模式】设置为【形状】，【填充】设置为 # bd7f5d，【描边】设置为无，【形状】设置为【波浪】，绘制如图5-36所示的形状。

图5-36

Step 13 在工具箱中单击【钢笔工具】按钮 ⟡，将【工具模式】设置为【形状】，【填充】设置为黑色，【描边】设置为无，单击【路径操作】按钮 ▫，在弹出的下拉列表中选择【减去顶层形状】命令，如图5-37所示。

图5-37

Step 14 在工作界面中绘制如图5-38所示的图形。

Step 15 置入"素材8.jpg"素材文件，适当调整素材，在【素材8】图层上单击鼠标右键，在弹出的快捷菜单中选择【创建剪贴蒙版】命令，创建剪贴蒙版后的效果如图5-39所示。

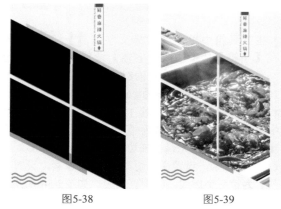

图5-38　　　　图5-39

Step 16 至此，火锅折页正面内容就制作完成了，最终效果如图5-40所示。

图5-40

实例 **109** 制作火锅折页反面

◉ 素材：素材8.jpg、素材9.jpg、素材10.jpg、素材13.png
◉ 场景：制作火锅折页反面.psd

Step 01 按Ctrl+N组合键，弹出【新建文档】对话框，将【宽度】、【高度】分别设置为1739、1227像素，【分辨率】设置为72像素/英寸，【颜色模式】设置为【RGB颜色/8位】，【背景颜色】设置为# f0f0f0，单击【创建】按钮，如图5-41所示。

图5-41

Step 02 在工具箱中单击【钢笔工具】按钮 ⟡，将【工具模式】设置为【形状】，【填充】设置为# a34d25，【描边】设置为无，绘制如图5-42所示的图形。

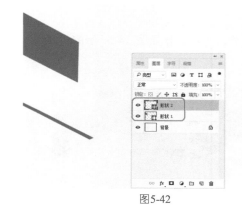

图5-42

Step 03 将【形状1】的【不透明度】设置为20%，【形状2】的【不透明度】设置为50%，如图5-43所示。

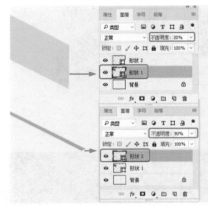

图5-43

Step 04 在工具箱中单击【钢笔工具】按钮 ✐，将【工具模式】设置为【形状】，【填充】设置为黑色，【描边】设置为无，单击【路径操作】按钮 ▫，在弹出的下拉列表中选择【减去顶层形状】命令，在工作界面中绘制如图5-44所示的图形。

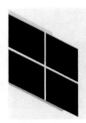

图5-44

Step 05 在菜单栏中选择【文件】|【置入嵌入对象】命令，弹出【置入嵌入的对象】对话框，选择"素材\Cha05\素材8.jpg"素材文件，单击【置入】按钮，对素材进行调整，在图层上单击鼠标右键，在弹出的快捷菜单中选择【创建剪贴蒙版】命令，创建剪贴蒙版后的效果，如图5-45所示。

图5-45

Step 06 使用同样的方法制作如图5-46所示的内容。

图5-46

Step 07 置入"素材\Cha05\素材13.png"素材文件，调整素材大小及位置，在工具箱中单击【横排文字工具】按钮，输入文本，在【字符】面板中将【字体】设置为【微软雅黑】，【字体系列】设置为Regular，将【字体大小】设置为16.6点，【行距】设置为32点，将【字符间距】设置为100，将【颜色】设置为# a34d25，在【段落】面板中单击【右对齐文本】按钮 ▤，如图5-47所示。

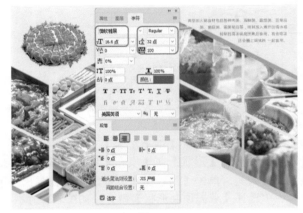

图5-47

Step 08 在工具箱中单击【直线工具】按钮 ╱，在工具选项栏中将【工具模式】设置为【形状】，在【属性】面板中将【填充】设置为无，【描边】设置为# a34d25，【粗细】设置为3像素，设置【描边宽度】为6像素，绘制直线段，如图5-48所示。

图5-48

Step 09 在工具箱中单击【横排文字工具】 T，输入文本，在【字符】面板中将【字体】设置为【方正综艺简体】，将【字体大小】设置为83点，将【字符间距】设置为100，将【颜色】设置为# a34d25，如图5-49所示。

Step 10 在工具箱中单击【直线工具】按钮 ╱，在工具选项栏中将【工具模式】设置为【形状】，在【属性】面板中将【填充】设置为无，【描边】设置为# a34d25，【粗细】设置为3像素，设置【描边宽度】为6像素，设置【描边选项】为第三个虚线，绘制直线段，如图5-50所示。

Step 11 根据前面介绍的方法，使用【横排文字工具】、【直排文字工具】和【直线工具】制作如图5-51所示的内容。

Photoshop图像处理+网店美工+特效制作 完全实训手册

图5-49

图5-50

图5-51

Step 12 在工具箱中单击【圆角矩形工具】按钮 ◻.，在工具选项栏中将【工具模式】设置为【形状】，在【属性】面板中将【填充】设置为无，【描边】设置为# a34d25，设置【描边宽度】为2像素，设置【描边选项】为第三个虚线，【半径】设置为23.5像素，绘制两个W、H分别为48、233像素的圆角矩形，如图5-52所示。

图5-52

实例 110 制作家居三折页

◉ 素材：素材14.png、素材15.jpg、素材16.png
◉ 场景：制作家居三折页.psd

Step 01 按Ctrl+N组合键，弹出【新建文档】对话框，将【宽度】、【高度】分别设置为3439、2480像素，【分辨率】设置为300像素/英寸，【颜色模式】设置为【RGB颜色/8位】，【背景颜色】设置为# f0f0f0，单击【创建】按钮，如图5-53所示。

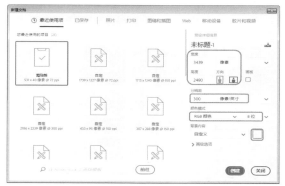

图5-53

Step 02 在菜单栏中选择【文件】|【置入嵌入对象】命令，弹出【置入嵌入的对象】对话框，选择"素材\Cha05\素材14.png"素材文件，单击【置入】按钮，对素材进行调整，如图5-54所示。

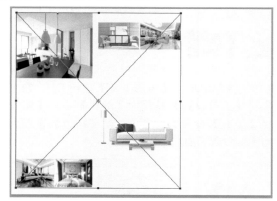

图5-54

Step 03 在工具箱中单击【横排文字工具】 T.，在工作区中单击鼠标，输入文字，在【字符】面板中将【字体】设置为【黑体】，将【字体大小】设置为14点，将【字符间距】设置为14，将【颜色】设置为黑色，如图5-55所示。

Step 04 在工具箱中单击【横排文字工具】 T.，输入段落文本，在【字符】面板中将【字体】设置为【黑体】，将【字体大小】设置为8.5点，【行距】设置为15点，将【字符间距】设置为14，将【颜色】设置为黑色，在【段落】

面板中将【首行缩进】设置为18点，如图5-56所示。

图5-55

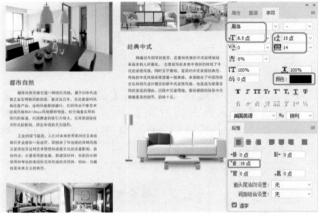

图5-56

Step 05 在工具箱中单击【矩形工具】按钮 ⬚，在工具选项栏中将【工具模式】设置为【形状】，在【属性】面板中将【填充】设置为# c3c3c3，【描边】设置为无，绘制如图5-57所示的三个矩形。

图5-57

Step 06 使用【横排文字工具】和【直线工具】制作如图5-58所示的内容。

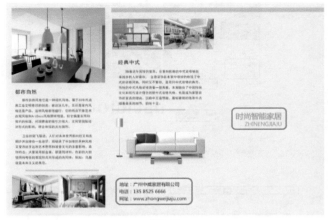

图5-58

Step 07 在工具箱中单击【圆角矩形工具】按钮 ⬚，在工具选项栏中将【工具模式】设置为【形状】，在【属性】面板中将【填充】设置为黑色，【描边】设置为无，【角半径】均设置为30像素，绘制W、H分别为295、298像素的矩形，对矩形进行复制并调整矩形的位置，如图5-59所示。

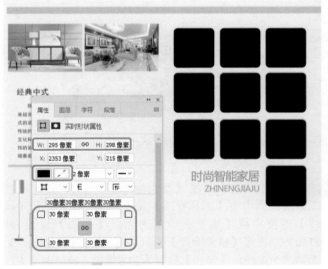

图5-59

Step 08 选择所有绘制的圆角矩形，按住鼠标拖曳至【创建新组】按钮上 ▭，创建组，在菜单栏中选择【文件】|【置入嵌入对象】命令，弹出【置入嵌入的对象】对话框，选择"素材\Cha05\素材15.jpg"素材文件，单击【置入】按钮，对素材进行调整，在图层上单击鼠标右键，在弹出的快捷菜单中选择【创建剪贴蒙版】命令，创建剪贴蒙版后的效果如图5-60所示。

Step 09 在菜单栏中选择【文件】|【置入嵌入对象】命令，弹出【置入嵌入的对象】对话框，选择"素材\Cha05\素材16.png"素材文件，单击【置入】按钮，对

素材进行调整，如图5-61所示。

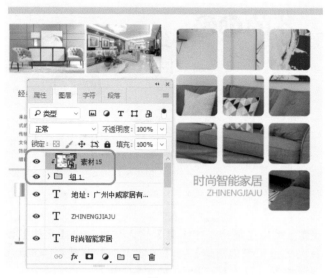

图5-60

图5-61

图5-62

图5-63

Step 03 使用【横排文字工具】输入文本，将【字体】设置为【Adobe 黑体 Std】，【字体大小】设置为12点，【字符间距】设置为40，【颜色】设置为黑色，如图5-64所示。

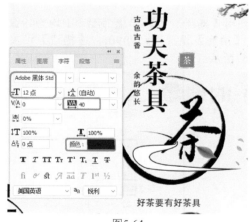

图5-64

Step 04 使用【横排文字工具】输入文本"茶"，将【字体】设置为【创艺简老宋】，【字体大小】设置为25.2点，【字符间距】设置为0，将"茶"文本的【颜色】设置为#076b36，如图5-65所示。

Step 05 使用【横排文字工具】输入文本"的"，将【字

实例 **111** 制作茶具宣传三折页

● 素材：素材17.png
● 场景：制作茶具三折页.psd

Step 01 按Ctrl+O组合键，打开"素材\Cha05\素材17.png"素材文件，使用【直排文字工具】输入文本，将【字体】设置为【经典粗宋简】，【字体大小】设置为36点，【字符间距】设置为40，【颜色】设置为黑色，如图5-62所示。

Step 02 使用【直排文字工具】输入文本，将【字体】设置为【Adobe 黑体 Std】，【字体大小】设置为10点，【字符间距】设置为200，【颜色】设置为黑色，如图5-63所示。

体】设置为【创艺简老宋】，【字体大小】设置为25.2点，【字符间距】设置为0，将"的"文本的【颜色】设置为#5d070c，设置文本参数后的效果如图5-66所示。

图5-65

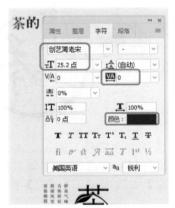

图5-66

Step 06 使用【椭圆工具】○绘制W和H均为49像素的正圆，将【填充】设置为#59090f，【描边】设置为无，如图5-67所示。

图5-67

Step 07 使用【横排文字工具】输入文本，将【字体】设置为【创艺简老宋】，【字体大小】设置为18点，【字符间距】设置为300，【颜色】设置为白色，如图5-68所示。

图5-68

Step 08 使用【横排文字工具】输入文本，将【字体】设置为【方正美黑简体】，【字体大小】设置为14.4点，【颜色】设置为# 5a090f，如图5-69所示。

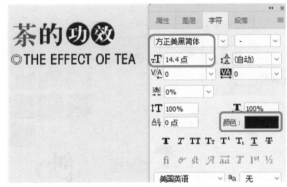

图5-69

Step 09 使用【矩形工具】绘制矩形，将W和H分别设置为115、26像素，【填充】设置为59090f，【描边】设置为无，如图5-70所示。

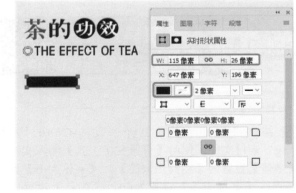

图5-70

Step 10 使用【横排文字工具】输入文本，将【字体】设置为【汉仪粗宋简】，【字体大小】设置为9.36点，【字符间距】设置为-60，【颜色】设置为白色，如图5-71所示。

图5-71

Step 11 使用【横排文字工具】输入文本，将【字体】设置为【华文细黑】，【字体大小】设置为6.7点，【字符间距】设置为-40，【颜色】设置为#221714，单击【仿粗体】按钮 **T**，如图5-72所示。

Step 12 对前面绘制的矩形和输入的文本，进行复制，然后修改文本内容，如图5-73所示。

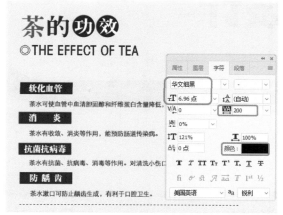

图5-72　　　　　　　　　　图5-73

Step 13 使用【横排文字工具】输入文本，将【字体】设置为【华文细黑】，【字体大小】设置为6.96点，【字符间距】设置为200，【颜色】设置为# 020202，如图5-74所示。

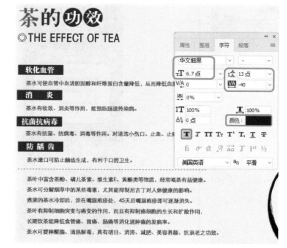

设置为13点，【字符间距】设置为-40，【颜色】设置为#221714，单击【仿粗体】按钮 **T**，如图5-75所示。

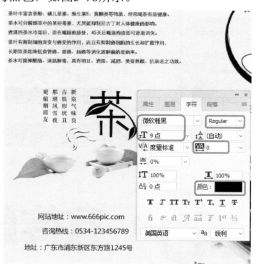

图5-75

Step 15 使用【横排文字工具】输入文本，将【字体】设置为【微软雅黑】，【字体样式】设置为Regular，【字体大小】设置为9点，【字符间距】设置为0，【颜色】设置为黑色，如图5-76所示。

图5-76

Step 16 使用同样的方法输入其他的文本并进行相应的设置，最终效果如图5-77所示。

图5-74

Step 14 使用【横排文字工具】输入文本，将【字体】设置为【华文细黑】，【字体大小】设置为6.7点，【行距】

图5-77

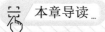

第6章 宣传展架设计

本章导读 ...

宣传展架是一种用作广告宣传的、背部具有X型支架的展览展示用品。宣传展架是终端宣传促进销售的利器，展架又名产品展示架、促销架、便携式展具和资料架等。宣传展架是根据产品的特点，设计与之匹配的产品促销展架，再加上具有创意的LOGO标牌，使产品醒目地展现在公众面前，从而加大对产品的宣传作用。

实例 112 制作婚礼展架

- ◉ 素材: 素材1.jpg、素材2.png
- ◉ 场景: 制作婚礼展架.psd

Step 01 启动软件, 按Ctrl+N组合键, 在弹出的对话框中将【宽度】、【高度】分别设置为1500、3375像素, 将【分辨率】设置为72像素/英寸, 将【颜色模式】设置为【RGB颜色/8位】,【背景颜色】设置为白色, 如图6-1所示。

图6-1

Step 02 设置完成后, 单击【创建】按钮, 在工具箱中单击【矩形工具】□, 在工作区中绘制一个矩形, 选中绘制的矩形, 在【属性】面板中将W、H分别设置为1500、1730像素, X、Y均设置为0像素, 将【填充】设置为黑色, 将【描边】设置为无, 如图6-2所示。

Step 03 在菜单栏中选择【文件】|【置入嵌入对象】命令, 弹出【置入嵌入的对象】对话框, 选择"素材\Cha06\素材1.jpg"素材文件, 单击【置入】按钮, 调整素材的大小及位置, 如图6-3所示。

图6-2

图6-3

Step 04 在【素材1】图层上单击鼠标右键, 在弹出的快捷菜单中选择【创建剪贴蒙版】命令, 创建剪贴蒙版后的效果如图6-4所示。

图6-4

Step 05 在工具箱中单击【椭圆工具】按钮, 在工具属性栏中将【工具模式】设置为【形状】,【填充颜色】设置为#fff4f4,【描边】设置为无, 在工作界面中绘制W、H均为1026像素的正圆, 如图6-5所示。

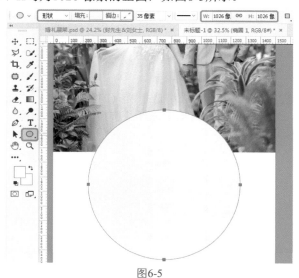

图6-5

Step 06 在菜单栏中选择【文件】|【置入嵌入对象】命令, 弹出【置入嵌入的对象】对话框, 选择"素材\Cha06\素材2.png"素材文件, 单击【置入】按钮, 适当调整素材文件以及正圆的位置, 效果如图6-6所示。

Step 07 在工具箱中单击【横排文字工具】T, 在工作区中单击鼠标, 输入文字, 选中输入的文字, 在【字符】面板中将【字体】设置为【迷你简中倩】, 将【字体大小】设置为180点, 将【颜色】设置为# ff4062, 并在工作区中调整文字的位置，如图6-7所示。

图6-6　　　　　　　　　　图6-7

Step 08 在工作区中使用同样的方法输入其他文字，并对其进行相应的设置与调整，英文文字【字体】设置为【方正报宋简体】，效果如图6-8所示。

图6-8

Step 09 在【图层】面板中选择所有的文字图层，右击鼠标，在弹出的快捷菜单中选择【转换为形状】命令，如图6-9所示。

图6-9

Step 10 继续选中所选的图层，在菜单栏中选择【图层】|【合并形状】|【统一形状】命令，如图6-10所示。

图6-10

Step 11 在工具箱中单击【直接选择工具】，在工作区中选择合并后的形状，对其进行调整，在【图层】面板中选择married图层，将其重新命名为"艺术字"，效果如图6-11所示。

图6-11

◉提示·◦

　　在操作过程中，如果操作出现了失误，或者对调整的结果不满意，可以进行撤销操作，或者将图像恢复至最近保存过的状态，读者可以在菜单栏中选择【编辑】|【还原】命令，或者按Ctrl+Z组合键，可以撤销所做的最后一次的修改，将其还原至上一步操作的状态，如果需要取消还原，可以按

Shift+Ctrl+Z组合键。

如果需要连续还原，可以在菜单栏中多次选择【编辑】|【后退一步】命令，或者多次按Ctrl+Alt+Z组合键来逐步撤销操作。

◎提示‧○

除此之外，在Photoshop中的每一步操作都会被记录在【历史记录】面板中，通过该面板可以快速恢复到操作过程中的某一步状态，也可以在此回到当前的操作状态，用户可以通过在菜单栏中选择【窗口】|【历史记录】命令来打开【历史记录】面板。

知识链接：调整形状

在Photoshop中对形状进行调整时，因为操作需要需将路径断开并重新链接，用户可以通过以下方式操作。

首先在要断开的位置中间使用【钢笔工具】添加锚点，如图6-12所示。

图6-12

在工具箱中单击【直接选择工具】，在工作区中选择上面所添加的某个锚点，按Delete键将选中的锚点删除，如图6-13所示。

图6-13

使用相同的方法将前面添加的另一个锚点删除，删除完成后，在工具箱中单击【钢笔工具】，将鼠标移至断开的路径锚点上，当鼠标变为↘。形状时，单击鼠标，如图6-14所示。

图6-14

单击完成后，将鼠标移至另一侧锚点处，当鼠标再次变为↘。形状时，单击鼠标，即可将路径进行闭合，如图6-15所示。

图6-15

使用同样的方法将另一侧断开的路径进行闭合，并对路径进行调整即可，效果如图6-16所示。

图6-16

在上面的操作中，涉及了钢笔工具的不同指针，不同的指针反映其当前的绘制状态。 以下指针指示各种绘制状态。

初始锚点指针↘*：选中钢笔工具后看到的第一个指针。 指示下一次在舞台上单击鼠标时将创建初始锚点，它是新路径的开始（所有新路径都以初始锚点开始）。

连续锚点指针↘：指示下一次单击鼠标时将创建一个锚点，并用一条直线与前一个锚点相连接。

添加锚点指针↘+：指示下一次单击鼠标时将向现有路径添加一个锚点。 若要添加锚点，必须选择路径，并且钢笔工具不能位于现有锚点的上方。 根据其他锚点，重绘现有路径。 一次只能添加一个锚点。

删除锚点指针↘_：指示下一次在现有路径上单击鼠标时将删除一个锚点。 若要删除锚点，必须用选取工具选择路径，并且指针必须位于现有锚点的上方。 根据删除的锚点，重绘现有路径。 一次只能删除一个锚点。

连续路径指针↘：从现有锚点扩展新路径。 若要激活此指针，鼠标必须位于路径上现有锚点的上方。 仅在当前未绘制路径时，此指针才可用。 锚点未必是路径的终端锚点；任何锚点都可以是连续路径的位置。

闭合路径指针↘。：在正在绘制的路径的起始点处闭合路径。只能闭合当前正在绘制的路径，并且现有锚点必须是同一个路径的起始锚点。 生成的路径没有将任何指定的填充颜色设置应用于封闭形状；单独应用填充颜色。

连接路径指针↘。：除了鼠标不能位于同一个路径的初始锚点上方外，与闭合路径工具基本相同。 该指针必须位于唯一路径的任一端点上方。

回缩贝塞尔手柄指针 ⊾ ：当鼠标位于显示其贝塞尔手柄的锚点上方时显示。单击鼠标将回缩贝塞尔手柄，并使得穿过锚点的弯曲路径恢复为直线段。

Step 12 双击【艺术字】图层，在弹出的对话框中勾选【描边】复选框，将【大小】设置为10像素，将【位置】设置为【外部】，将【颜色】设置为#fcfbf9，如图6-17所示。

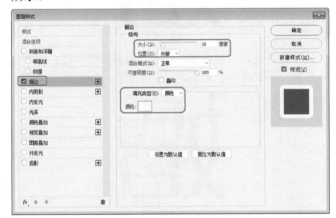

图6-17

Step 13 单击【确定】按钮，添加描边后的效果如图6-18所示。

图6-18

Step 14 在工具箱中单击【圆角矩形工具】按钮 ▭，在工具选项栏中将【工具模式】设置为【形状】，【填充】设置为# ff3055，【描边】设置为无，在工作界面中绘制圆角矩形，将W、H分别设置为500、50像素，在【属性】面板中将【角半径】均设置为25像素，如图6-19所示。

Step 15 在工具箱中单击【横排文字工具】 T，在工作区中单击鼠标，输入文字，选中输入的文字，在【字符】面板中将【字体】设置为【创艺简黑体】，将【字体大小】设置为30点，【字符间距】设置为50，将【颜色】设置为白色，并在工作区中调整文字的位置，如图6-20所示。

Step 16 在工具箱中单击【横排文字工具】 T，在工作区中单击鼠标，输入文字，选中输入的文字，在【字符】面板中将【字体】设置为【经典黑体简】，将【字体大小】设置为120点，【字符间距】设置为75，将【颜色】设置为# ff4062，并在工作区中调整文字的位置，如图6-21所示。

图6-19

图6-20

图6-21

Step 17 使用同样的方法制作其他的内容，效果如图6-22所示。

图6-22

实例 (113) 制作开业宣传展架

- 素材：素材3.jpg、素材4.png、素材5.png
- 场景：制作开业宣传展架.psd

Step 01 按Ctrl+O组合键，在弹出的对话框中选择"素材\Cha06\素材3.jpg"素材文件，单击【打开】按钮，打开素材文件的效果如图6-23所示。

Step 02 在工具箱中单击【钢笔工具】，在工具选项栏中将【填充】设置为无，将【描边】设置为白色，将【描边宽度】设置为21像素，在工作区中绘制一个图形，如图6-24所示。

图6-23

图6-24

Step 03 将背景色设置为黑色，在【图层】面板中选择【形状 1】图层，单击【添加图层蒙版】按钮，在工具箱中单击【矩形选框工具】，在【图层】面板中单击蒙版，在工作区中绘制一个矩形选框，按Ctrl+Delete组合键填充背景色，效果如图6-25所示。

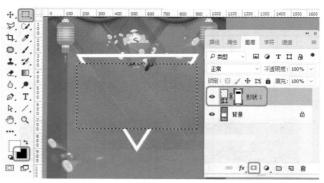

图6-25

Step 04 按Ctrl+D组合键取消选区，在【图层】面板中双击【形状 1】图层，在弹出的对话框中勾选【投影】复选框，将【混合模式】设置为【正片叠底】，将【阴影颜色】设置为#c5371d，将【不透明度】设置为68%，将【角度】设置为90度，勾选【使用全局光】复选框，将【距离】、【扩展】、【大小】分别设置为8像素、0%、4像素，如图6-26所示。

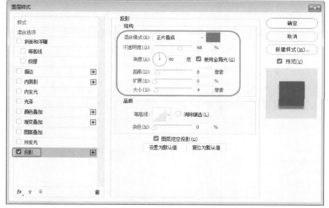

图6-26

Step 05 设置完成后，单击【确定】按钮，将"素材.png"置入场景文件中，在工作区中调整其位置，效果如图6-27所示。

图6-27

Step 06 在工具箱中单击【横排文字工具】 **T.**，在工作区中单击鼠标，输入文字，选中输入的文字，在【字符】面板中将【字体】设置为【微软简综艺】，将【字体大小】设置为158点，将【字符间距】设置为-40，将【颜色】设置为白色，在工作区中调整文字的位置，如图6-28所示。

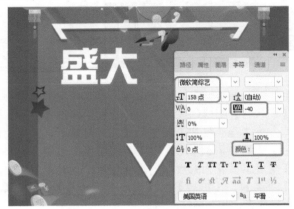

图6-28

Step 07 在【图层】面板中双击【盛大】图层，在弹出的对话框中勾选【投影】复选框，将【混合模式】设置为【正片叠底】，将【阴影颜色】设置为# c5371d，将【不透明度】设置为68%，将【角度】设置为90度，勾选【使用全局光】复选框，将【距离】、【扩展】、【大小】分别设置为8像素、0%、4像素，如图6-29所示。

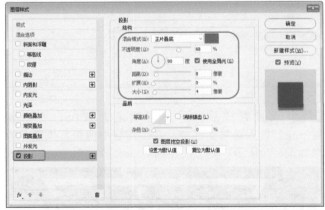

图6-29

Step 08 设置完成后，单击【确定】按钮，在工具箱中单击【横排文字工具】 **T.**，在工作区中单击鼠标，输入文字，选中输入的文字，在【字符】面板中将【字体】设置为【微软简综艺】，将【字体大小】设置为194点，将【字符间距】设置为40，【垂直缩放】设置为107%，将【颜色】设置为白色，在工作区中调整文字的位置，如图6-30所示。

Step 09 在【图层】面板中选择【开业】图层，双击鼠标，在弹出的对话框中勾选【描边】复选框，将【大小】设置为2像素，将【位置】设置为【外部】，将

【颜色】设置为白色，如图6-31所示。

图6-30

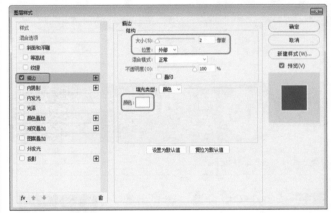

图6-31

Step 10 再在该对话框中勾选【投影】复选框，将【混合模式】设置为【正片叠底】，将【阴影颜色】设置为# c5371d，将【不透明度】设置为68%，将【角度】设置为90度，勾选【使用全局光】复选框，将【距离】、【扩展】、【大小】分别设置为8像素、0%、4像素，如图6-32所示。

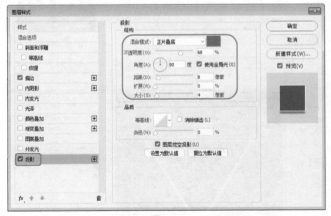

图6-32

Step 11 设置完成后，单击【确定】按钮，根据前面所介绍的方法创建如图6-33所示的文字，并对其进行相应的设置。

Step 12 在工具箱中单击【圆角矩形工具】 **□.**，在工作区中绘制一个圆角矩形，在【属性】面板中将W、H分别设置为468、60像素，将【填充】设置为白色，将【描边】设置为无，将【角半径】都设置为20像素，并在工

作区中调整圆角矩形的位置，效果如图6-34所示。

图6-33

图6-34

Step 13 在工具箱中单击【横排文字工具】 T，在工作区中单击鼠标，输入文字，选中输入的文字，在【字符】面板中将【字体】设置为【微软雅黑】，将【字体大小】设置为33点，将【字符间距】设置为0，将【颜色】设置为# d41727，在工作区中调整文字的位置，如图6-35所示。

图6-35

Step 14 选择除【背景】图层之外的图层，按住鼠标将其拖曳至【创建新组】按钮 □，将组名称重命名为"标题"，效果如图6-36所示。

> ◎提示·
>
> 当用户在图形上输入文本后，系统将会为输入的文字单独生成一个图层。

图6-36

Step 15 在【图层】面板【标题】组上双击鼠标，弹出【图层样式】对话框，勾选【斜面和浮雕】复选框，将【样式】设置为【内斜面】，【方法】设置为【平滑】，【深度】设置为501%，【方向】设置为【上】，【大小】、【软化】分别设置为12像素、0像素，在【阴影】选项组下方将【角度】设置为90度，【高度】设置为30度，【高光模式】设置为【滤色】，【颜色】设置为白色，【不透明度】设置为49%，【阴影模式】设置为【正片叠底】，【颜色】设置为黑色，【不透明度】设置为0%，如图6-37所示。

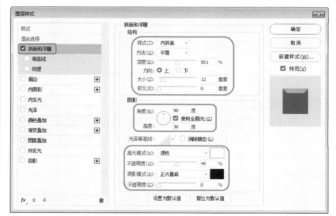

图6-37

Step 16 勾选【内发光】复选框，将【混合模式】设置为【滤色】，【不透明度】设置为16%，【杂色】设置为0%，【发光颜色】设置为白色，【方法】设置为【柔和】，选中【边缘】单选按钮，【阻塞】设置为100%，【大小】设置为1像素，【等高线】设置为【线性】，【范围】设置为50%，如图6-38所示。

Step 17 勾选【渐变叠加】复选框，单击【渐变】右侧的颜色条，弹出【渐变编辑器】对话框，将0%位置处的色标颜色设置为# ebbd83，在33%位置处添加色标，将颜色设置为# f5dbbd，在68%处添加色标，将颜色设置为# ebbc82，将100%位置处的色标颜色都设置为# ebbd83，如图6-39所示。

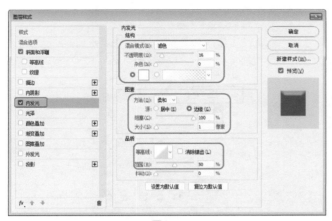

图6-38

图6-39

Step 18 单击【确定】按钮，返回至【图层样式】对话框，将【不透明度】设置为100%，将【样式】设置为【角度】，【角度】设置为-87度，【缩放】设置为100%，如图6-40所示。

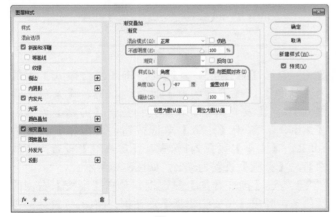

图6-40

Step 19 勾选【投影】复选框，将【混合模式】设置为【线性加深】，【颜色】设置为# 8b1c21，将【不透明度】、【角度】、【距离】、【扩展】、【大小】分别

设置为58%、90度、13像素、0%、14像素，单击【确定】按钮，如图6-41所示。

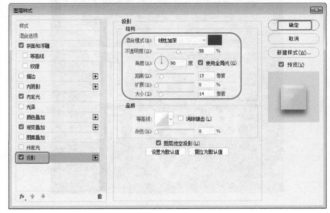

图6-41

Step 20 将"时间：10月01日至10月07日"文本调整至【标题】组的上方，设置完成后的效果如图6-42所示。

图6-42

Step 21 在菜单栏中选择【文件】|【置入嵌入对象】命令，弹出【置入嵌入的对象】对话框，选择"素材\Cha06\素材5.png"素材文件，单击【置入】按钮，调整素材的位置，效果如图6-43所示。

图6-43

Step 22 在工具箱中单击【椭圆工具】 ，在工作区中按住Shift键绘制5个正圆，并将圆形的W、H都设置为58像素，将【填充】设置为#dc1716，将【描边】设置为无，效果如图6-44所示。

Photoshop图像处理+网店美工+特效制作 完全实训手册

图6-44

Step 23 在工具箱中单击【横排文字工具】**T**，在工作区中单击鼠标，输入文字，选中输入的文字，在【字符】面板中将【字体】设置为【汉仪雪君体简】，将【字体大小】设置为47.4点，将【字符间距】设置为400，将【颜色】设置为白色，如图6-45所示。

图6-45

Step 24 根据前面介绍的方法创建其他文字与图形，并对其进行相应的调整，效果如图6-46所示。

图6-46

◎提示•◦

若输入的文字与绘制的圆形位置不符合，可使用【移动工具】对圆形进行调整。

实例 **114** 制作装饰公司宣传展架

⊙ 素材：素材6.jpg、素材7.png、素材8.png、素材9.jpg～素材11.jpg
⊙ 场景：制作装饰公司宣传展架.psd

Step 01 按Ctrl+O组合键，在弹出的对话框中选择"素材\Cha06\素材6.jpg"素材文件，单击【打开】按钮，打开素材文件的效果如图6-47所示。

Step 02 在菜单栏中选择【文件】|【置入嵌入对象】命令，弹出【置入嵌入的对象】对话框，选择"素材\Cha06\素材7.png"素材文件，单击【置入】按钮，在【属性】面板中将X、Y分别设置为160、179像素，如图6-48所示。

图6-47   图6-48

Step 03 在工具箱中单击【横排文字工具】**T**，在工作区中单击鼠标，输入文字，选中输入的文字，在【字符】面板中将【字体】设置为【汉仪菱心体简】，将【字体大小】设置为178点，将【字符间距】设置为-10，将【颜色】设置为# eacf2d，效果如图6-49所示。

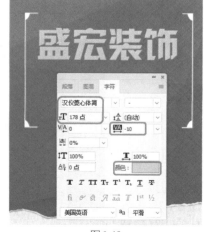

图6-49

Step 04 继续选中该文字，按Ctrl+T组合键，在工具选项栏中将【旋转】、【水平斜切】分别设置为-3.8、-5.5度，如图6-50所示。

图6-50

Step 05 设置完成后，按Enter键确认，完成变换，在工作区中调整其位置，在【图层】面板中双击【盛宏装饰】文字图层，在弹出的对话框中勾选【描边】复选框，将【大小】设置为46像素，将【位置】设置为【外部】，将【颜色】设置为#383a3a，如图6-51所示。

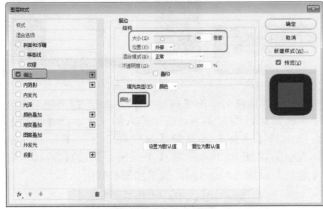

图6-51

Step 06 设置完成后，单击【确定】按钮，在工具箱中单击【横排文字工具】 T,，在工作区中单击鼠标，输入文字，选中输入的文字，在【字符】面板中将【字体】设置为【汉仪菱心体简】，将【字体大小】设置为129点，将【字符间距】设置为-10，将【颜色】设置为#eacf2d，效果如图6-52所示。

图6-52

Step 07 继续选中该文字，按Ctrl+T组合键，在工具选项栏中将【旋转】、【水平斜切】分别设置为-3.4、-4.2度，如图6-53所示。

图6-53

Step 08 设置完成后，按Enter键确认，完成变换，并在工作区中调整其位置，在【图层】面板中双击【装修找我们】文字图层，在弹出的对话框中勾选【描边】复选框，将【大小】设置为46像素，将【位置】设置为【外部】，将【颜色】设置为#383a3a，如图6-54所示。

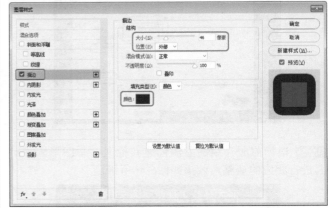

图6-54

Step 09 设置完成后，单击【确定】按钮，根据前面介绍的方法在工作区中绘制多个图形，并对其进行调整，效果如图6-55所示。

图6-55

Step 10 在工具箱中单击【横排文字工具】 **T**，在工作区中单击鼠标，输入文字，选中输入的文字，在【字符】面板中将【字体】设置为【微软雅黑】，将【字体样式】设置为Bold，将【字体大小】设置为64点，将【字符间距】设置为50，将【颜色】设置为#eacf2c，如图6-56所示。

图6-56

Step 11 在【图层】面板中选择【私人订制·量身定做】文字图层，双击图层，在弹出的对话框中勾选【描边】复选框，将【大小】设置为14像素，将【位置】设置为【外部】，将【颜色】设置为#383a3a，如图6-57所示。

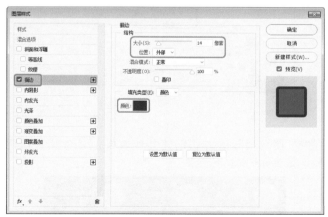

图6-57

Step 12 设置完成后，单击【确定】按钮，根据前面介绍的方法输入如图6-58所示的文字，并对其进行相应的设置。

Step 13 在菜单栏中选择【文件】|【置入嵌入对象】命令，弹出【置入嵌入的对象】对话框，选择"素材\Cha06\素材8.png"素材文件，单击【置入】按钮，并在工作区中调整其位置，如图6-59所示。

Step 14 在工具箱中单击【椭圆工具】 ○，在工作区中按

住Shift键绘制一个正圆，选中绘制的正圆，将【填充】的RGB值设置为245、245、245，【描边】设置为无，并在工作区中调整其位置，效果如图6-60所示。

图6-58　　　　　　　　　图6-59

图6-60

Step 15 在工具箱中单击【自定形状工具】 ✿，在工具选项栏中将【填充】设置为#2c2d2c，将【描边】设置为无，单击【形状】右侧的下三角按钮，在弹出的下拉列表中选择【全球互联网】，在工作区中绘制一个图形，如图6-61所示。

图6-61

Step 16 使用相同的方法在工作区中绘制其他图形，绘制后的效果如图6-62所示。

Step 17 在工具箱中单击【椭圆工具】 ○，按住Shift键在工作区中绘制一个正圆，在【属性】面板中将W、H

都设置为520像素，将【填充】设置为#5f5f5f，将【描边】设置为无，如图6-63所示。

图6-62

图6-63

Step 18 在【图层】面板中双击该正圆图层，在弹出的对话框中勾选【描边】复选框，将【大小】设置为17像素，将【位置】设置为【外部】，将【颜色】的RGB值设置为255、255、255，如图6-64所示。

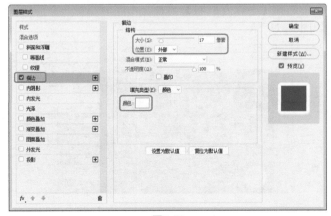

图6-64

Step 19 再在该对话框中勾选【投影】复选框，将【混合模式】设置为【正片叠底】，将【阴影颜色】设置为#4e4e4e，将【不透明度】设置为75%，将【角度】设

置为90度，勾选【使用全局光】复选框，将【距离】、【扩展】、【大小】分别设置为31像素、0%、25像素，如图6-65所示。

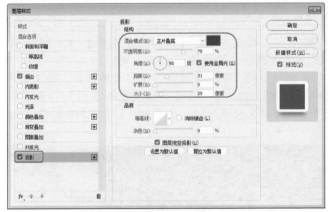

图6-65

Step 20 设置完成后，单击【确定】按钮，置入"素材9.jpg"素材文件，在工作区中调整其位置，在【图层】面板中选择该素材文件图层，右击鼠标，在弹出的快捷菜单中选择【创建剪贴蒙版】命令，创建后的效果如图6-66所示。

图6-66

Step 21 使用同样的方法创建其他效果，并对其进行调整，效果如图6-67所示。

图6-67

Step 22 根据前面介绍的方法创建其他文字与图形，并对其进行相应的设置，效果如图6-68所示。

Photoshop图像处理+网店美工+特效制作 完全实训手册

图6-68

实例 115 制作酒店活动宣传展架

◉ 素材：素材12.jpg～素材14.jpg、素材15.png
◉ 场景：制作酒店活动宣传展架.psd

Step 01 按Ctrl+N组合键，弹出【新建文档】对话框，将【宽度】和【高度】分别设置为1500、3375像素，【分辨率】设置为72像素/英寸，【颜色模式】设置为【RGB颜色/8位】，【背景颜色】设置为白色，单击【创建】按钮，如图6-69所示。

图6-69

Step 02 在工具箱中单击【钢笔工具】按钮 ✍，将【工具模式】设置为【形状】，【填充】设置为# 302e2f，【描边】设置为无，绘制如图6-70所示的图形。

Step 03 在工具箱中单击【钢笔工具】按钮 ✍，将【工具模式】设置为【形状】，【填充】设置为# ffb619，【描边】设置为无，绘制如图6-71所示的图形。

Step 04 在菜单栏中选择【文件】|【置入嵌入对象】命令，弹出【置入嵌入的对象】对话框，选择"素材\Cha06\素材12.jpg"素材文件，单击【置入】按钮，调整素材的大小及位置，将【素材12】图层调整至【形状1】图层

上方，单击鼠标右键，在弹出的快捷菜单中选择【创建剪贴蒙版】命令，如图6-72所示。

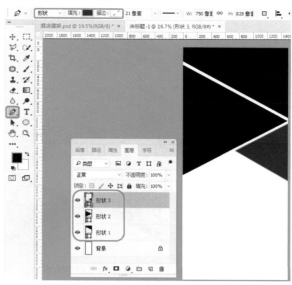

图6-70

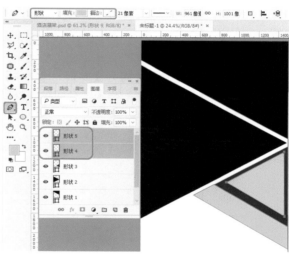

图6-71

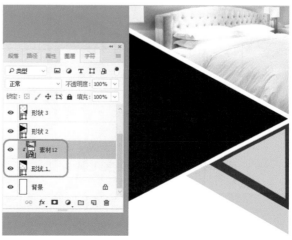

图6-72

Step 05 使用同样的方法，置入"素材13.jpg""素材14.jpg"文件，调整图层位置并创建剪贴蒙版，如图6-73所示。

图6-73

Step 06 在工具箱中单击【横排文字工具】 **T.**，在工作区中单击鼠标，输入文字"商务"，选中输入的文字，在【字符】面板中将【字体】设置为【方正大黑简体】，将【字体大小】设置为240点，将【字符间距】设置为0，将【颜色】设置为#262626，如图6-74所示。

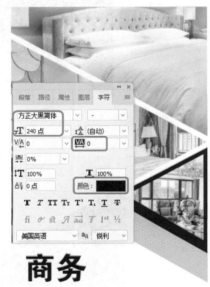

图6-74

Step 07 在工具箱中单击【横排文字工具】 **T.**，在工作区中单击鼠标，分别输入文字"酒""店"，选中输入的文字，在【字符】面板中将【字体】设置为【叶根友行书繁】，将"酒"的【字体大小】设置为285点，将"店"的【字体大小】设置为350点，将【颜色】都设

置为#262626，设置完成后的效果如图6-75所示。

Step 08 在工具箱中单击【横排文字工具】 **T.**，在工作区中单击鼠标，输入文字Shangwu，选中输入的文字，在【字符】面板中将【字体】设置为【汉仪菱心体简】，将【字体大小】设置为160点，将【字符间距】设置为-60，将【颜色】设置为# ffb619，如图6-76所示。

图6-75   图6-76

Step 09 在工具箱中单击【直线工具】按钮 **/.**，在工具栏中将【工具模式】设置为【形状】，【填充】设置为#262626，【描边】设置为无，【粗细】设置为8像素，在工作界面中绘制直线段，将W设置为1020像素，如图6-77所示。

图6-77

Step 10 使用【横排文字工具】输入文本并进行相应的设置，效果如图6-78所示。

图6-78

Step 11 在菜单栏中选择【文件】|【置入嵌入对象】命令，弹出【置入嵌入的对象】对话框，选择"素材\Cha06\素材15.png"素材文件，单击【置入】按钮，调整素材的大小及位置，如图6-79所示。

图6-79

Step 12 在工具箱中单击【圆角矩形工具】按钮 □，在工具选项栏中将【工具模式】设置为【形状】，绘制W、H分别为1296、240像素的圆角矩形，在【属性】面板中将【填充】设置为无，【描边】设置为#393737，【描边粗细】设置为4像素，【左上角半径】、【右下角半径】均设置为0像素，【右上角半径】、【左下角半径】均设置为120像素，如图6-80所示。

图6-80

Step 13 使用【圆角矩形工具】，绘制W、H分别为465、63像素的圆角矩形，将【填充】设置为#2f2e2f，【描边】设置为无，【角半径】均设置为20像素，如图6-81所示。

图6-81

Step 14 使用【横排文字工具】输入文本，将【字体】设置为【经典黑体简】，【字体大小】设置为42点，【字符间距】设置为20，【颜色】设置为白色，如图6-82所示。

图6-82

Step 15 使用【椭圆工具】，按住Shift键绘制正圆，将【填充颜色】设置为白色，如图6-83所示。

图6-83

Step 16 使用【横排文字工具】输入段落文本，将【字体】设置为【Adobe 黑体 Std】，【字体大小】设置为30点，【字符间距】设置为40，【颜色】设置为黑色，如图6-84所示。

图6-84

Step 17 使用【矩形工具】，绘制W、H分别为1500、195像素的矩形，将【填充】设置为#2f2e2f，【描边】设置为无，如图6-85所示。

图6-85

Step 18 使用【钢笔工具】，将【工具模式】设置为【形状】，绘制三角形状，【填充】设置为#f5b124，【描边】设置为无，如图6-86所示。

图6-86

实例 116 制作旅行社宣传展架

● 素材：素材16.jpg、素材17.png、素材18.png
● 场景：制作旅行社宣传展架.psd

Step 01 按Ctrl+O组合键，在弹出的对话框中选择"素材\Cha06\素材16.jpg"素材文件，单击【打开】按钮，打开素材文件的效果如图6-87所示。

Step 02 使用【椭圆工具】，在工具选项栏中将【填充】设置为# d97400，【描边】设置为无，在工作界面中绘制W、H均为268像素的椭圆，如图6-88所示。

图6-87　　　　　　　　　图6-88

Step 03 在【椭圆1】图层上双击鼠标，弹出【图层样式】对话框，勾选【描边】复选框，将【大小】设置为27像素，【位置】设置为【外部】，【混合模式】设置为【正常】，【不透明度】设置为100%，【颜色】设置为白色，如图6-89所示。

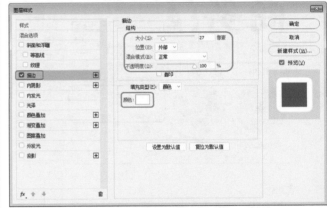

图6-89

Step 04 勾选【投影】复选框，将【混合模式】设置为【正片叠底】，【不透明度】设置为64%，【角度】设置为90度，【距离】、【扩展】、【大小】分别设置为35像素、0%、103像素，单击【确定】按钮，如图6-90所示。

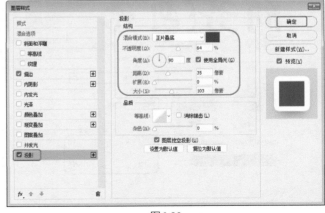

图6-90

Step 05 添加图层样式后的效果如图6-91所示。

Step 06 使用【横排文字工具】输入文本，将【字体】设置为【Adobe 黑体Std】，将【字体大小】设置为20点，将【字符间距】设置为50，将【颜色】设置为白色，如图6-92所示。

图6-91　　　　　　　　　　图6-92

Step 07 使用【横排文字工具】输入文本，将【字体】设置为【Adobe 黑体Std】，将【字体大小】设置为19点，将【字符间距】设置为50，将【颜色】设置为白色，如图6-93所示。

Step 08 使用【横排文字工具】输入文本，将【字体】设置为【微软雅黑】，将【字体大小】设置为38点，将【颜色】设置为白色，如图6-94所示。

图6-93　　　　　　　　　　图6-94

Step 09 使用【横排文字工具】输入文本，将【字体】设置为【方正综艺简体】，将【字体大小】设置为65点，【字符间距】设置为50，将【颜色】设置为#363837，如图6-95所示。

Step 10 使用【横排文字工具】输入文本，将【字体】设置为【方正综艺简体】，将【字体大小】设置为45点，【字符间距】设置为50，将【颜色】设置为#363837，如图6-96所示。

Step 11 使用【横排文字工具】输入文本，将【字体】设置为【Adobe 黑体Std】，将【字体大小】设置为13点，【字符行距】设置为17点，【字符间距】设置为50，将【颜色】设置为#040000，如图6-97所示。

图6-95　　　　　　　　　　图6-96

图6-97

Step 12 在菜单栏中选择【文件】|【置入嵌入对象】命令，选择"素材\Cha06\素材17.png"素材文件，单击【置入】按钮，调整置入后的素材图片，如图6-98所示。

图6-98

Step 13 使用【圆角矩形工具】，将【填充】设置为#0069b7，【描边】设置为无，【角半径】均设置为28像素，绘制W、H分别为463、56像素的圆角矩形，如图6-99所示。

图6-99

Step 14 使用【横排文字工具】输入文本，将【字体】设置为【Adobe 黑体 Std】，将【字体大小】设置为16点，【字符间距】设置为100，将【颜色】设置为白色，如图6-100所示。

图6-100

Step 15 使用【椭圆工具】按住Shift键绘制正圆形，将【填充】设置为白色，【描边】设置为无，如图6-101所示。

图6-101

Step 16 使用【横排文字工具】输入文本，将【字体】设置为【Adobe 黑体 Std】，将【字体大小】设置为11点，【字符间距】设置为0，将【颜色】设置为#0069b7，如图6-102所示。

图6-102

Step 17 使用【横排文字工具】输入文本，将【字体】设置为【Adobe 黑体 Std】，将【字体大小】设置为10点，【字符行距】设置为16点，将【颜色】设置为黑色，如图6-103所示。

图6-103

Step 18 通过上面介绍的方法，制作如图6-104所示的对象。

图6-104

Photoshop图像处理+网店美工+特效制作完全实训手册

实例 117 制作美甲店宣传展架

- 素材：素材19.jpg、素材20.png、素材21.png
- 场景：制作美甲店宣传展架.psd

Step 01 按Ctrl+O组合键，在弹出的对话框中选择"素材\Cha06\素材19.jpg"素材文件，单击【打开】按钮，打开素材文件的效果如图6-105所示。

Step 02 使用【横排文字工具】输入文本，将【字体】设置为【汉仪秀英体简】，将【字体大小】设置为277点，将【字符间距】设置为-45，将【颜色】设置为#e61d39，如图6-106所示。

图6-105　　　　　　图6-106

Step 03 在【时尚美甲】图层上单击鼠标右键，在弹出的快捷菜单中选择【栅格化文字】命令，在工具箱中单击【魔棒工具】按钮，在如图6-107所示的文字上单击，创建选区。

图6-107

Step 04 按Ctrl+T组合键，适当调整对象的大小及旋转角度，如图6-108所示。

Step 05 按Ctrl+D组合键取消选区，在菜单栏中选择【文件】|【置入嵌入对象】命令，选择"素材\Cha06\素材20.png"素材文件，单击【置入】按钮，将置入的口

红素材调整至"甲"字上，使用【矩形工具】，绘制W、H分别为1005、83像素的矩形，将【填充】设置为#f1bdcc，将【描边】设置为无，如图6-109所示。

图6-108

图6-109

Step 06 使用【矩形工具】，绘制W、H分别为1008、89像素的矩形，将【填充】设置为# e61d39，将【描边】设置为无，如图6-110所示。

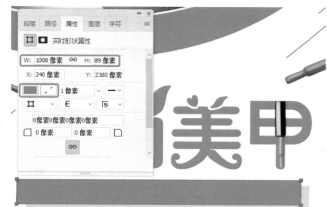

图6-110

Step 07 使用【横排文字工具】输入文本，将【字体】设置为【汉仪综艺体简】，将【字体大小】设置为69点，将【字符间距】设置为200，将【水平缩放】设置为93%，将【颜色】设置为白色，如图6-111所示。

Step 08 使用【横排文字工具】输入文本，将【字体】设置为【黑体】，将【字体大小】设置为55点，将【字符间距】设置为255，【水平缩放】设置为100%，将【颜色】设置为黑色，如图6-112所示。

图6-111

图6-112

Step 09 使用同样的方法制作如图6-113所示的内容。

图6-113

Step 10 在菜单栏中选择【文件】|【置入嵌入对象】命令，弹出【置入嵌入的对象】对话框，选择"素材\Cha06\素材21.png"素材文件，单击【置入】按钮，调整素材的大小及位置，如图6-114所示。

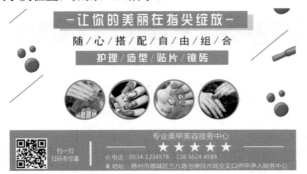

图6-114

Photoshop图像处理+网店美工+特效制作 完全实训手册

实例 118 制作商务企业展架

- 素材：素材22.jpg、素材23.png、素材24.png
- 场景：制作商务企业展架.psd

Step 01 按Ctrl+N组合键，弹出【新建文档】对话框，将【宽度】和【高度】分别设置为1500、3375像素，【分辨率】设置为72像素/英寸，【颜色模式】设置为【RGB颜色/8位】，将【背景内容】设置为白色，单击【创建】按钮，如图6-115所示。

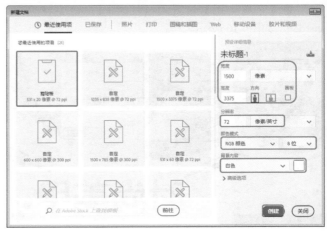

图6-115

Step 02 在工具箱中单击【钢笔工具】，在工具选项栏中将【填充】设置为黑色，将【描边】设置为无，在工作区中绘制一个图形，如图6-116所示。

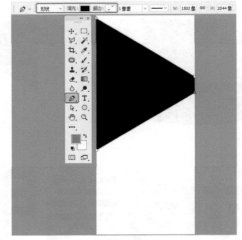

图6-116

Step 03 在菜单栏中选择【文件】|【置入嵌入对象】命令，弹出【置入嵌入的对象】对话框，选择"素材22.jpg"素材文件，单击【置入】按钮，调整对象大小及位置，在图层上单击鼠标右键，在弹出的快捷菜单中选择【创建剪贴蒙版】命令，如图6-117所示。

图6-117

Step 04 在工具箱中单击【钢笔工具】 ∅., 在工具选项栏中将【填充】设置为# e71f21, 将【描边】设置为无, 在工作区中绘制两个三角形, 在【图层】面板中选择【形状 2】, 将【不透明度】设置为60%, 如图6-118所示。

图6-118

Step 05 在工具箱中单击【钢笔工具】 ∅., 在工具选项栏中将【填充】设置为# b21e29, 将【描边】设置为无, 在工作区中绘制一个三角形, 如图6-119所示。

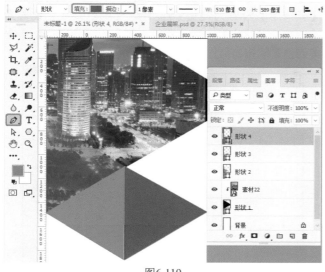

图6-119

Step 06 再次使用【钢笔工具】 ∅., 在工作区中绘制两个三角形, 将左上角三角形颜色设置为#b4232b, 将右下角的三角形颜色设置为#8d1d22, 如图6-120所示。

图6-120

Step 07 使用【横排文字工具】输入文本"企业简介", 将【字体】设置为【汉仪大黑简】, 【字体大小】设置为135点, 【字符间距】设置为-10, 【字体颜色】设置为白色, 再次使用【横排文字工具】输入文本COMPANY PROFILE, 将【字体】设置为【汉仪大黑简】, 【字体大小】设置为51点, 【字符间距】设置为-10, 【字体颜色】设置为白色, 如图6-121所示。

Step 08 使用【横排文字工具】输入文本"团结协作 共同发展", 将【字体】设置为【方正粗黑宋简体】, 【字体大小】设置为55点, 【行距】设置为60点, 【字符间距】设置为-10, 【字体颜色】设置为白色, 如图6-122所示。

图6-121　　　　　　　图6-122

Step 09 使用【横排文字工具】拖动鼠标绘制文本框, 输入相应的文本, 将【字体】设置为【微软雅黑】, 【字体大小】设置为25点, 【行距】设置为30点, 【字符间距】设置为100, 【字体颜色】设置为#323333, 如图6-123所示。

图6-123

Step 10 在菜单栏中选择【文件】|【置入嵌入对象】命令，弹出【置入嵌入的对象】对话框，分别置入"素材23.png""素材24.png"素材文件，调整对象的位置，如图6-124所示。

Step 11 使用【横排文字工具】输入文本，将【字体】设置为【Adobe 黑体Std】，【字体大小】设置为56点，将【字符间距】设置为20，设置【颜色】为# 8d1d22，单击【仿粗体】按钮，如图6-125所示。

图6-124

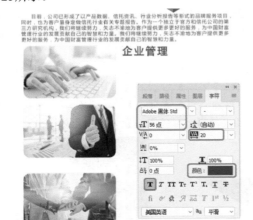

图6-125

Step 12 使用【横排文字工具】输入文本，将【字体】设置为【黑体】，【字体大小】设置为23点，【行距】设置为27点，【字符间距】设置为100，设置【颜色】为#323333，如图6-126所示。

图6-126

Step 13 使用【椭圆工具】和【直线工具】，绘制如图6-127所示的对象，设置【颜色】为# 8d1d22，分别对图层进行重命名。

Step 14 使用同样的方法，制作如图6-128所示的文本。

图6-127

图6-128

实例 119 制作健身宣传展架

素材：素材25.jpg、素材26.png
场景：制作健身宣传展架.psd

Step 01 按Ctrl+N组合键，弹出【新建文档】对话框，将【宽度】和【高度】分别设置为1701、4536像素，【分辨率】设置为72像素/英寸，【颜色模式】设置为【RGB颜色/8位】，将【背景内容】设置为白色，单击【创建】按钮，如图6-129所示。

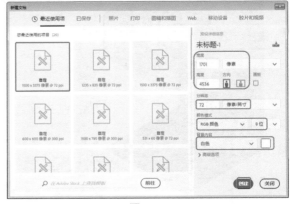

图6-129

Step 02 在工具箱中单击【钢笔工具】按钮，在工具选项栏中将【工具模式】设置为【形状】，【填充】设置为黑色，【描边】设置为无，绘制如图6-130所示的图形。

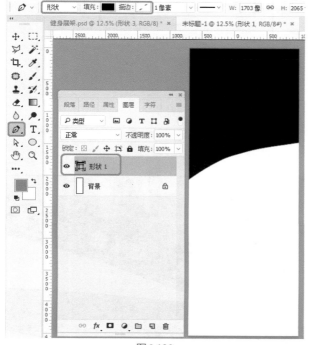

图6-130

Step 03 在菜单栏中选择【文件】|【置入嵌入对象】命令，弹出【置入嵌入的对象】对话框，选择"素材\Cha06\素材25.jpg"素材文件，单击【置入】按钮，调整素材的大小及位置，在【素材25】图层上单击鼠标右键，在弹出的快捷菜单中选择【创建剪贴蒙版】命令，创建剪贴蒙版后的效果如图6-131所示。

图6-131

Step 04 在工具箱中单击【钢笔工具】按钮，在工具选项栏中将【工具模式】设置为【形状】，【填充】设置为#e10707，【描边】设置为无，绘制如图6-132所示的图形。

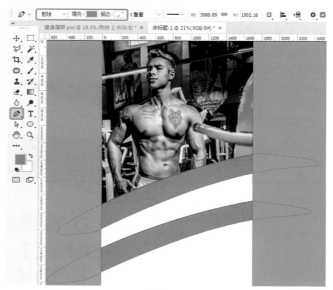

图6-132

Step 05 在工具箱中单击【钢笔工具】按钮，在工具选项栏中将【工具模式】设置为【形状】，【填充】设置为#a50606，【描边】设置为无，绘制如图6-133所示的图形，将【形状4】图层调整至【素材25】图层的上方。

图6-133

Step 06 使用【横排文字工具】输入文本，将【字体】设置为【微软雅黑】，【字体样式】设置为Bold，【字体大小】设置为127点，【行距】设置为150点，【字符间距】设置为0，设置【颜色】为# c40e0e，如图6-134所示。

图6-134

Step 07 使用【横排文字工具】输入文本，将【字体】设置为【汉仪菱心体简】，【字体大小】设置为240点，【字符间距】设置为0，【颜色】设置为#c40e0e，如图6-135所示。

图6-135

Step 08 使用【横排文字工具】输入文本，将【字体】设置为【微软雅黑】，【字体样式】设置为Bold，【字体大小】设置为88，【字符间距】设置为480，【颜色】设置为白色，如图6-136所示。

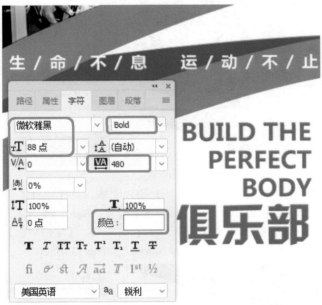

图6-136

Step 09 在工具选项栏中单击【创建文字变形】按钮，弹出【变形文字】对话框，将【样式】设置为【扇形】，【弯曲】设置为+6%，单击【确定】按钮，如图6-137所示。

Step 10 选中文本对象，按Ctrl+T组合键，在工具选项栏中将【旋转】设置为-19.8度，如图6-138所示。

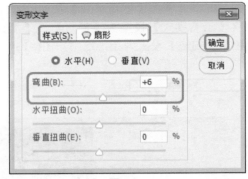

图6-137

图6-138

Step 11 按Enter键进行确认，使用同样的方法继续制作如图6-139所示的变形文字。

图6-139

Photoshop图像处理+网店美工+特效制作 完全实训手册

Step 12 在工具箱中单击【直线工具】按钮，在工具选项栏中将【工具模式】设置为【形状】，将【填充】设置为#e10707，【描边】设置为无，【粗细】设置为5像素，绘制W为1500像素的直线，如图6-140所示。

Step 13 使用【横排文字工具】输入文本，将【字体】设置为【微软雅黑】，【字体大小】设置为50点，【字符间距】设置为0，设置【颜色】为黑色，单击【段落】面板中的【居中对齐文本】按钮 ≡，如图6-141所示。

图6-140

图6-141

Step 14 在菜单栏中选择【文件】|【置入嵌入对象】命令，弹出【置入嵌入的对象】对话框，选择"素材\Cha06\素材26.png"素材文件，单击【置入】按钮，调整素材的位置，如图6-142所示。

Step 15 使用【横排文字工具】输入文本，将【字体】设置为【微软雅黑】，【字体样式】设置为Regular，【字体大小】设置为68点，【行距】设置为120点，【字符间距】设置为0，设置【颜色】为黑色，如图6-143所示。

图6-142

电话：056-12345678
地址：德州市德城区东风路521号

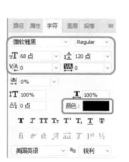

图6-143

第 **7** 章 杂志封面设计

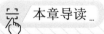 本章导读

　　杂志有固定刊名，以期、卷、号或年、月为序，定期或不定期连续出版的印刷读物。它根据一定的编辑方针，将众多作者的作品汇集成册出版，定期出版的，又称期刊。本章将介绍如何设计杂志封面。

实例 120 汽车杂志设计

● 素材：素材1.jpg
● 场景：汽车杂志设计.psd

Step 01 按Ctrl+O组合键，在弹出的对话框中选择"素材\Cha07\素材1.jpg"素材文件，单击【打开】按钮，效果如图7-1所示。

Step 02 在工具箱中单击【横排文字工具】，在工作区中单击鼠标，输入文字，选中输入的文字，在【字符】面板中将【字体】设置为【方正综艺简体】，将【字体大小】设置为200点，将【字符间距】设置为0，将【颜色】设置为# 494949，单击【全部大写字母】按钮TT，并在工作区中调整其位置，效果如图7-2所示。

图7-1

图7-2

Step 03 选中输入的文字，按Ctrl+T组合键调整文字宽度，使用【横排文字工具】在工作区中单击鼠标，输入文字，选中输入的文字，在【字符】面板中将【字体】设置为【Adobe 黑体 Std】，将【字体大小】设置为28点，取消单击【全部大写字母】按钮TT，并在工作区中调整其位置，效果如图7-3所示。

图7-3

Step 04 再次使用【横排文字工具】，在工作区中单击鼠标，输入文字，选中输入的文字，在【字符】面板中将【字体】设置为【方正大黑简体】，将【字体大小】设置为61点，并在工作区中调整其位置，效果如图7-4所示。

图7-4

Step 05 使用同样的方法在工作区中输入其他文字，并进行相应的设置，效果如图7-5所示。

图7-5

Step 06 在工具箱中单击【直线工具】，在工具选项栏中将【填充】设置为白色，将【描边】设置为无，将【粗细】设置为3像素，在工作区中绘制多条直线，效果如图7-6所示。

图7-6

实例 121 美食杂志设计

- 素材：素材2.jpg
- 场景：美食杂志设计.psd

Step 01 按Ctrl+N组合键，弹出【新建文档】对话框，将【单位】设置为【像素】，【宽度】和【高度】分别设置为1500、2049，【分辨率】设置为72像素/英寸，【颜色模式】设置为【RGB颜色/8位】，【背景内容】设置为白色，单击【创建】按钮，在工具箱中单击【矩形工具】□，在工作区中绘制一个矩形，在【属性】面板中将W、H分别设置为1421、1663像素，为其填充任意一种颜色，将【描边】设置为无，并调整其位置，如图7-7所示。

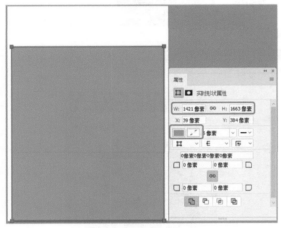

图7-7

Step 02 在菜单栏中选择【文件】|【置入嵌入对象】命令，在弹出的对话框中选择"素材\Cha07\素材2.jpg"素材文件，单击【置入】按钮，并按Enter键完成置入，在【图层】面板中选择【素材2】图层，右击鼠标，在弹出的快捷菜单中选择【创建剪贴蒙版】命令，如图7-8所示。

图7-8

Step 03 创建完成剪贴蒙版后，在工具箱中单击【移动工具】✛，在工作区中调整图像的位置，效果如图7-9所示。

图7-9

Step 04 使用【横排文字工具】T.输入文本，将【字体】设置为【微软繁综艺】，将【字体大小】设置为323点，【字符间距】设置为-54，将【水平缩放】设置为90%，将【颜色】设置为# c10e0e，单击【全部大写字母】按钮TT，并在工作区中调整其位置，如图7-10所示。

图7-10

Step 05 在工具箱中单击【矩形工具】□，在工作区中绘制一个矩形，在【属性】面板中将W、H均设置为562像素，将【填充】设置为# ecbe48，将【描边】设置为无，并调整其位置，在【图层】面板中将【矩形 2】图层调整至【素材2】图层的上方，如图7-11所示。

Step 06 使用【横排文字工具】T.输入文本，在【字符】面板中将【字体】设置为【方正小标宋简体】，将【字体大小】设置为90点，将【字符间距】设置为100，将【水平缩放】设置为100%，将【颜色】设置为# 040000，取消单击【全部大写字母】按钮TT，并在工作区中调整其位置，如图7-12所示。

Photoshop图像处理+网店美工+特效制作完全实训手册

图7-11

图7-12

Step 07 使用【横排文字工具】 **T** 输入文本，在【字符】面板中将【字体大小】设置为28点，单击【全部大写字母】按钮 **TT** ，并在工作区中调整其位置，如图7-13所示。

图7-13

Step 08 使用同样的方法在工作区中输入如图7-14所示的文字内容。

Step 09 在工具箱中单击【矩形工具】 **□** ，在工作区中绘制一个矩形，在【属性】面板中将W、H均设置为52像素，将【填充】设置为无，将【描边】设置为#040000，将【描边宽度】设置为2.5点，并调整其位

图7-14

图7-15

Step 10 使用【横排文字工具】输入文本，将【字体】设置为【方正小标宋简体】，将【字体大小】设置为63点，将【字符间距】设置为100，将【颜色】设置为白色，如图7-16所示。

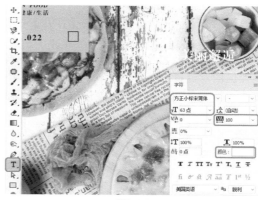

图7-16

Step 11 在【图层】面板中双击【餐桌上的美丽邂逅】文字图层，在弹出的对话框中勾选【投影】复选框，将【混合模式】设置为【正片叠底】，将【阴影颜色】设置为#6c6967，将【不透明度】设置为100%，勾选【使用全局光】复选框，将【角度】设置为146度，将【距离】、【扩展】、【大小】分别设置为6像素、8%、4像素，如图7-17所示。

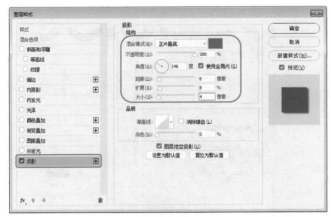

图7-17

Step 12 设置完成后，单击【确定】按钮，根据前面介绍的方法在工作区中输入其他文字，并进行相应的设置，效果如图7-18所示。

图7-18

实例 122 戏曲杂志设计

● 素材：素材3.jpg、素材4.png、条形码.jpg
● 场景：戏曲杂志设计.psd

Step 01 按Ctrl+O组合键，在弹出的对话框中选择"素材\Cha07\素材3.jpg"素材文件，单击【打开】按钮，效果如图7-19所示。

Step 02 在菜单栏中选择【文件】|【置入嵌入对象】命令，在弹出的对话框中选择"素材\Cha07\素材4.png"素材文件，单击【置入】按钮，并按Enter键完成置入，并在工作区中调整其位置，如图7-20所示。

图7-19

图7-20

Step 03 使用【横排文字工具】 **T.** 输入文本，将【字体】设置为【汉仪行楷简】，将【字体大小】设置为215点，【字符间距】设置为-300，将【颜色】设置为#d61619，并在工作区中调整其位置，如图7-21所示。

图7-21

Step 04 在【图层】面板中双击【京剧】图层，在弹出的对话框中勾选【描边】复选框，将【大小】设置为5像素，将【位置】设置为【外部】，将【混合模式】设置为【正常】，将【颜色】设置为白色，如图7-22所示。

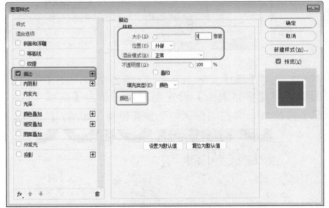

图7-22

Step 05 再在【图层样式】对话框中勾选【外发光】复选框，将【混合模式】设置为【滤色】，将【不透明度】设置为35%，将【杂色】设置为0%，将【发光颜色】设置为白色，将【方法】设置为【精确】，将【扩展】、【大小】分别设置为0%、40像素，将【范围】、【抖动】分别设置为50%、0%，如图7-23所示。

Step 06 再在【图层样式】对话框中勾选【投影】，将【混合模式】设置为【正片叠底】，将【阴影颜色】设置为# 221815，将【不透明度】设置为100%，勾选【使用全局光】复选框，将【角度】设置为90度，将【距离】、【扩展】、【大小】分别设置为10像素、10%、20像素，如图7-24所示。

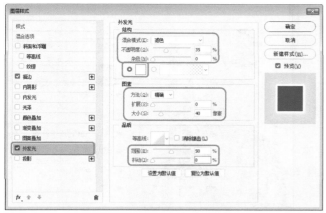

图7-23

图7-24

Step 07 设置完成后，单击【确定】按钮，在工具箱中单击【矩形工具】□，在工作区中绘制一个矩形，在【属性】面板中将W、H分别设置为225、27像素，将【填充】设置为# e3803d，将【描边】设置为无，在工作区中调整其位置，效果如图7-25所示。

图7-26

Step 09 在工具箱中单击【竖排文字工具】T，在工作区中单击鼠标，输入文字，在【字符】面板中将【字体】设置为【汉仪行楷简】，将【字体大小】设置为65点，【字符间距】设置为-300，将【颜色】设置为#221714，并在工作区中调整其位置，如图7-27所示。

图7-27

Step 10 使用【竖排文字工具】T输入文字，选中输入的文字，在【字符】面板中将【字体】设置为【方正小标宋简体】，将【字体大小】设置为32点，【字符间距】设置为380，将【颜色】设置为# e3803d，并在工作区中调整其位置，如图7-28所示。

图7-28

图7-25

Step 08 使用【横排文字工具】T输入文本，将【字体】设置为【方正黑体简体】，将【字体大小】设置为15点，【字符间距】设置为380，将【颜色】设置为白色，并在工作区中调整其位置，如图7-26所示。

Step 11 在工具箱中单击【自定形状工具】 ，在工具选项栏中将【填充】设置为# 8b1d23，将【描边】设置为无，将【形状】设置为【方块形卡】，在工作区中绘制如图7-29所示的图形。

图7-29

Step 12 按两次Ctrl+J组合键对绘制的图形进行拷贝，并调整拷贝的图形的位置，在【图层】面板中选择【中国戏曲艺术】文字图层，按住鼠标将其调整至最顶层，效果如图7-30所示。

图7-30

Step 13 根据前面介绍的方法在工作区中制作其他内容，并将"条形码.jpg"素材文件置入文档中，并调整其位置，在【图层】面板中选择【条形码】图层，将【混合模式】设置为【正片叠底】，效果如图7-31所示。

Step 14 在工具箱中单击【直线工具】 ，在工具选项栏中将【填充】设置为无，将【描边】设置为#716d6d，将【描边宽度】设置为0.8像素，单击【描边类型】右侧的下三角按钮，在弹出的下拉列表中单击【更多选项】按钮，在弹出的对话框中勾选【虚线】复选框，将【虚线】、【间隙】均设置为8，单击【确定】按钮，将【粗细】设置为1像素，在工作区中按住Shift键绘制一条垂直直线，如图7-32所示。

图7-31

图7-32

实例 123 家居杂志设计

● 素材：素材5.jpg、素材6.png、条形码.jpg
● 场景：家居杂志设计.psd

Step 01 按Ctrl+O组合键，在弹出的对话框中选择"素材\Cha07\素材5.jpg"素材文件，单击【打开】按钮，在【图层】面板中选择【背景】图层，右击鼠标，在弹出的快捷菜单中选择【转换为智能对象】命令，如图7-33所示。

Step 02 按Ctrl+M组合键，在弹出的对话框中添加一个编辑点，将【输出】、【输入】分别设置为197、159，再添加一个编辑点，将【输出】、【输入】分别设置为107、75，如图7-34所示。

Photoshop图像处理+网店美工+特效制作 完全实训手册

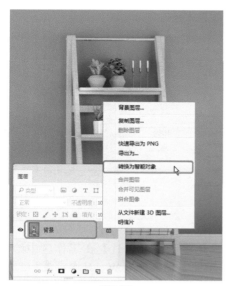

图7-33

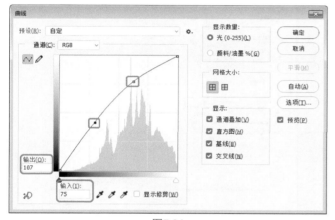

图7-34

Step 03 单击【确定】按钮,再次按Ctrl+M组合键,在弹出的对话框中添加一个编辑点,将【输出】、【输入】分别设置为160、152,再添加一个编辑点,将【输出】、【输入】分别设置为105、96,如图7-35所示。

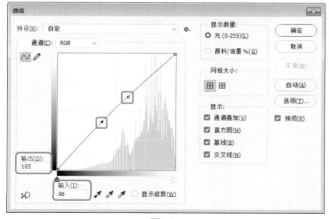

图7-35

Step 04 设置完成后,单击【确定】按钮,在工具箱中单

击【横排文字工具】 T.,在工作区中单击鼠标,输入文字,在【字符】面板中将【字体】设置为【方正粗宋简体】,将【字体大小】设置为222点,【字符间距】设置为50,将【颜色】设置为# 426177,并在工作区中调整其位置,如图7-36所示。

图7-36

Step 05 在【图层】面板中选择输入的文字图层,按Ctrl+J组合键进行拷贝,选择拷贝后的图层,将其命名为"文字 副本",在【字符】面板中将【颜色】设置为# e9899b,并在工作区中调整其位置,效果如图7-37所示。

图7-37

Step 06 在工具箱中单击【矩形工具】 □.,在工作区中绘制一个矩形,在【属性】面板中将W、H分别设置为443、319像素,将【填充】设置为# e9899b,将【描边】设置为无,在工作区中调整其位置,在【图层】面板中选择【矩形 1】图层,将【不透明度】设置为80%,效果如图7-38所示。

Step 07 在工具箱中单击【横排文字工具】 T.,在工作区中单击鼠标,输入文字,在【字符】面板中将【字体】设置为【Adobe 黑体 Std】,将【字体大小】设置为39点,将【行距】设置为39点,将【字符间距】设置为15，将【颜色】设置为白色，并在工作区中调整其位置，如图7-39所示。

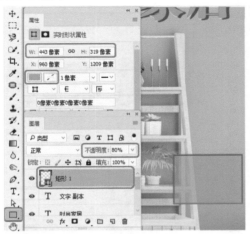

图7-38

图7-39

Step 08 再次使用【横排文字工具】 **T.**，在工作区中单击鼠标，输入文字，在【字符】面板中将【字体大小】设置为25点，将【字符间距】设置为100，在工作区中调整其位置，如图7-40所示。

图7-40

Step 09 在工具箱中单击【椭圆工具】 ○.，在工作区中按住Shift键绘制一个正圆，在【属性】面板中将W、H均设置为7像素，将【填充】设置为白色，将【描边】设

置为无，效果如图7-41所示。

图7-41

Step 10 再次使用【椭圆工具】在工作区中绘制一个正圆，在【属性】面板中将W、H均设置为22像素，将【填充】设置为无，将【描边】设置为白色，将【描边宽度】设置为2像素，效果如图7-42所示。

图7-42

Step 11 在工具箱中单击【移动工具】，选中绘制的两个圆形，按住Alt键向下拖动，对其进行复制，效果如图7-43所示。

图7-43

Step 12 根据前面介绍的方法在工作区中制作其他内容，并将"素材6.png""条形码.jpg"素材文件置入文档中，在【图层】面板中选择【条形码】图层，将【混合模式】设置为【正片叠底】，效果如图7-44所示。

图7-44

实例 124 舞蹈杂志设计

◎ 素材： 素材7.jpg、素材8.png、素材9.png、条形码2.jpg
◎ 场景： 舞蹈杂志设计.psd

Step 01 按Ctrl+O组合键，在弹出的对话框中选择"素材\Cha07\素材7.jpg"素材文件，单击【打开】按钮，效果如图7-45所示。

Step 02 在菜单栏中选择【文件】|【置入嵌入对象】命令，在弹出的对话框中选择"素材\Cha07\素材8.png"素材文件，单击【置入】按钮，并按Enter键完成置入，并在工作区中调整其位置，如图7-46所示。

图7-45

图7-46

Step 03 在【图层】面板中选择【素材8】图层，单击【添加图层蒙版】按钮 ，在工具箱中单击【画笔工具】 ，将前景色设置为黑色，在工作区中对素材进行涂

抹，效果如图7-47所示。

图7-47

Step 04 在工具箱中单击【横排文字工具】 ，在工作区中单击鼠标，输入文字，在【字符】面板中将【字体】设置为【创艺简老宋】，将【字体大小】设置为107点，将【行距】设置为【（自动）】，将【字符间距】设置为40，将【颜色】设置为白色，并在工作区中调整其位置，如图7-48所示。

图7-48

Step 05 再次使用【横排文字工具】 ，在工作区中单击鼠标，输入文字，在【字符】面板中将【字体大小】设置为82点，将【字符间距】设置为25，单击【全部大写字母】按钮 ，并在工作区中调整其位置，如图7-49所示。

Step 06 在【图层】面板中选择输入的两个文字图层，按住鼠标将其拖曳至【创建新组】按钮 上，在创建的组上双击鼠标，在弹出的对话框中勾选【投影】复选框，将【混合模式】设置为【正片叠底】，将【阴影颜色】设置为#588abe，将【不透明度】设置为75%，勾选【使用全局光】复选框，将【角度】设置为90度，将【距离】、【扩展】、【大小】分别设置为24像素、0%、27像素，如图7-50所示。

图7-49

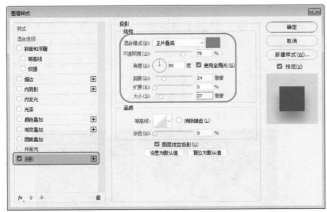

图7-50

Step 07 设置完成后，单击【确定】按钮，根据前面介绍的方法在工作区中输入其他文字，并进行相应的调整，效果如图7-51所示。

Step 08 将"素材9.png"与"条形码2.jpg"素材文件置入文档中，并调整其大小与位置，效果如图7-52所示。

图7-51　　　　　图7-52

实例 125　时装杂志设计

● 素材：素材10.jpg、素材11.png、素材12.png、素材13.png、条形码2.jpg
● 场景：时装杂志设计.psd

Step 01 按Ctrl+O组合键，在弹出的对话框中选择"素材\Cha07\素材10.jpg"素材文件，单击【打开】按钮，效果如图7-53所示。

Step 02 在【图层】面板中单击【创建新的填充或调整图层】按钮 ●，在弹出的列表中选择【曲线】命令，在【属性】面板中添加一个编辑点，将【输入】、【输出】分别设置为78、102，如图7-54所示。

图7-53

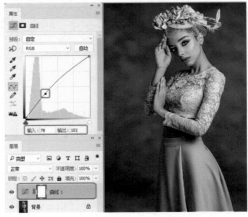

图7-54

Step 03 在【图层】面板中单击【创建新的填充或调整图层】按钮 ●，在弹出的列表中选择【可选颜色】命令，在【属性】面板中将【颜色】设置为【中性色】，将【黄色】设置为-36%，如图7-55所示。

图7-55

Step 04 在【图层】面板中单击【创建新的填充或调整图层】按钮 ⊘，在弹出的列表中选择【曲线】命令，在【属性】面板中添加一个编辑点，将【输入】、【输出】分别设置为111、128，如图7-56所示。

图7-56

Step 05 将"素材11.png"素材文件置入文档中，在工作区中调整其大小与位置，在【图层】面板中选中【素材11】图层，单击【添加图层蒙版】按钮 ◻，在工具箱中单击【画笔工具】 ，将前景色设置为黑色，在工作区中对遮挡人物部分的内容进行涂抹，效果如图7-57所示。

图7-57

Step 06 继续选中【素材11】图层，将【不透明度】设置为100%，对其进行复制，并对复制后的对象进行调整，效果如图7-58所示。

Step 07 将"素材12.png"素材文件置入文档中，在工具箱中单击【横排文字工具】 T，在工作区中单击鼠标，输入文字，在【字符】面板中将【字体】设置为Baskerville Old Face，将【字体大小】设置为260点，将【字符间距】设置为-100，将【水平缩放】设置为85%，将【颜色】设置为白色，单击【全部大写字母】按钮 TT，并在工作区中调整其位置，如图7-59所示。

图7-58

图7-59

Step 08 再次使用【横排文字工具】在工作区中输入文字，在【字符】面板中将【水平缩放】设置为78%，在【图层】面板中选择两个文字图层，按住鼠标将其拖曳至【创建新组】按钮 ◻ 上，并重新将组名命名为"标题"，如图7-60所示。

图7-60

Step 09 在【图层】面板中选择【标题】组，单击【添加图层蒙版】按钮 ◻，在工具箱中单击【画笔工具】 ，将前景色设置为黑色，在工作区中对遮挡人物部分的内容进行涂抹，效果如图7-61所示。

图7-61

Step 10 在工具箱中单击【横排文字工具】 T.，在工作区中单击鼠标，输入文字，在【字符】面板中将【字体】设置为Trebuchet MS，将【字体大小】设置为39点，将【字符间距】设置为-50，将【水平缩放】设置为100%，并在工作区中调整其位置，如图7-62所示。

图7-62

Step 11 根据前面介绍的方法输入其他文字，并对输入的文字进行相应的调整，效果如图7-63所示。

Step 12 将"素材13.png""条形码2.jpg"素材文件置入文档中，并调整其大小与位置，效果如图7-64所示。

图7-63　　　　　　图7-64

Photoshop图像处理+网店美工+特效制作 完全实训手册

实例 **126** 旅游杂志设计

◉ 素材：素材14.jpg、条形码.jpg
◉ 场景：旅游杂志设计.psd

Step 01 按Ctrl+O组合键，在弹出的对话框中选择"素材\Cha07\素材14.jpg"素材文件，单击【打开】按钮，效果如图7-65所示。

Step 02 在【图层】面板中单击【创建新的填充或调整图层】按钮 ◉，在弹出的列表中选择【曲线】命令，在【属性】面板中添加一个编辑点，将【输入】、【输出】分别设置为82、102，如图7-66所示。

图7-65

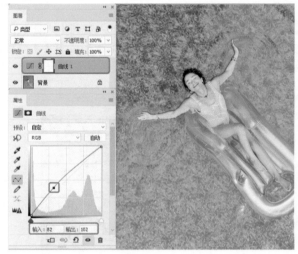

图7-66

Step 03 在【图层】面板中单击【创建新的填充或调整图层】按钮 ◉，在弹出的列表中选择【可选颜色】命令，在【属性】面板中将【颜色】设置为【中性色】，将【黄色】设置为-40%，如图7-67所示。

Step 04 在工具箱中单击【横排文字工具】 T.，在工作区中单击鼠标，输入文字，在【字符】面板中将【字体】设置为【方正粗宋简体】，将【字体大小】设置为109点，将【字符间距】设置为220，将【颜色】设置为白色，单击【仿粗体】按钮 T，并在工作区中调整其位置，如图7-68所示。

Step 05 在工具箱中单击【矩形工具】 □.，在工作区中绘制一个矩形，在【属性】面板中将W、H分别设置为93、132像素，将【填充】设置为无，将【描边】设置为# ffe400，将【描边宽度】设置为12像素，并在工作区中调整其位置，效果如图7-69所示。

图7-67

图7-68

图7-69

Step 06 在工具箱中单击【横排文字工具】 **T.**，在工作区中单击鼠标，输入文字，在【字符】面板中将【字体】设置为【微软雅黑】，将【字体样式】设置为Bold，将【字体大小】设置为24点，将【行距】设置为39点，将【字符间距】设置为-25，将【颜色】设置为白色，取消单击【仿粗体】按钮 **T**，单击【全部大写字母】按钮 **TT**，并在工作区中调整其位置，如图7-70所示。

图7-70

Step 07 再次使用【横排文字工具】 **T.** 在工作区中输入文字，在【字符】面板中将【字体大小】设置为87点，将【行距】设置为【（自动）】，将【字符间距】设置为-75，将【颜色】设置为#ffe400，并在工作区中调整其位置，如图7-71所示。

图7-71

Step 08 在工具箱中单击【圆角矩形工具】 ▢，在工作区中绘制一个圆角矩形，在【属性】面板中将W、H分别设置为721、70像素，将【填充】设置为白色，将【描边】设置为无，将所有的【角半径】均设置为23像素，并在工作区中调整其位置，效果如图7-72所示。

图7-72

Step 09 在【图层】面板中选择【圆角矩形 1】图层，按 Ctrl+J组合键拷贝图层，选中拷贝后的图层，在【属性】面板中将【填充】设置为# 00b6d9，并调整其位置，效果如图7-73所示。

图7-73

Step 10 在工具箱中单击【横排文字工具】 **T.**，在工作区中单击鼠标，输入文字，在【字符】面板中将【字体】设置为【Adobe 黑体 Std】，将【字体大小】设置为22点，将【字符间距】设置为20，将【颜色】设置为白色，单击【仿粗体】按钮 **T**，取消单击【全部大写字母】按钮 **TT**，并在工作区中调整其位置，如图7-74所示。

图7-74

Step 11 再次使用【横排文字工具】 **T.**在工作区中输入文字，在【字符】面板中将【字体】设置为【方正粗宋简体】，将【字体大小】设置为29点，将【行距】设置为38点，将【字符间距】设置为50，将【颜色】设置为#fafdfe，取消单击【仿粗体】按钮 **T**，单击【全部大写字母】按钮 **TT**，并在工作区中调整其位置，如图7-75所示。

Step 12 在【图层】面板中双击新输入的文字图层，在弹出的对话框中勾选【投影】复选框，将【混合模式】设置为【正片叠底】，将【阴影颜色】设置为# 597e9a，将【不透明度】设置为75%，勾选【使用全局光】复选框，将

【角度】设置为90度，将【距离】、【扩展】、【大小】分别设置为5像素、0%、5像素，如图7-76所示。

图7-75

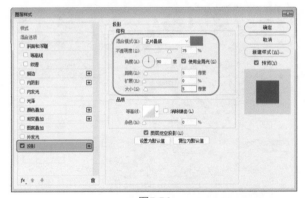

图7-76

Step 13 设置完成后，单击【确定】按钮，根据前面介绍的方法绘制其他图形并输入其他文字，效果如图7-77所示。

Step 14 将"条形码.jpg"素材文件置入文档中，并调整其大小与位置，在【图层】面板中选择【条形码】图层，将【不透明度】设置为90%，效果如图7-78所示。

图7-77

图7-78

Photoshop图像处理+网店美工+特效制作 完全实训手册

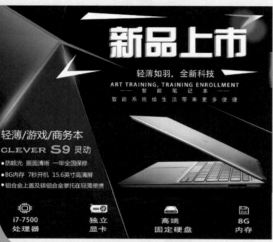

第 **8** 章 海报设计

本章导读

　　海报是一种常见的宣传方式，大多用于影视剧和新品、商业活动等宣传中，主要利用图片、文字、色彩、空间等要素进行完整的结合，以恰当的形式向人们展示出宣传信息。而在制作海报过程中，难免会对图像进行抠图、合成，在Photoshop中，蒙版与通道是进行图像合成的重要手法，它可以控制部分图像的显示与隐藏，还可以对图像进行抠图处理，本章将介绍如何利用蒙版与通道制作宣传海报。

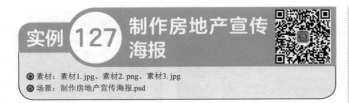

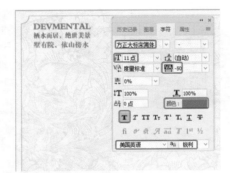

图8-3

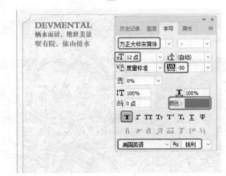

图8-4

实例 **127** 制作房地产宣传海报

⊙ 素材：素材1. jpg、素材2. png、素材3. jpg
⊕ 场景：制作房地产宣传海报.psd

Step 01 按Ctrl+O组合键，弹出【打开】对话框，选择"素材\Cha08\素材1.jpg"素材文件，单击【打开】按钮，如图8-1所示。

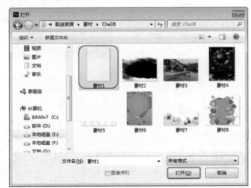

图8-1

Step 02 使用【横排文字工具】输入文本，将【字体】设置为【方正大标宋简体】，【字体大小】设置为15点，【字符间距】设置为-50，【颜色】设置为#897171，单击【仿粗体】按钮 **T**，将【语言】设置为【美国英语】，【消除锯齿】设置为【锐利】，如图8-2所示。

图8-2

Step 03 使用【横排文字工具】输入文本，将【字体】设置为【方正大标宋简体】，【字体大小】设置为11点，【字符间距】设置为-50，【颜色】设置为#897171，单击【仿粗体】按钮 **T**，将【语言】设置为【美国英语】，【消除锯齿】设置为【锐利】，如图8-3所示。

Step 04 将第二行文本【字体大小】设置为12点，如图8-4所示。

Step 05 在菜单栏中选择【文件】|【置入嵌入对象】命令，弹出【置入嵌入的对象】对话框，选择"素材\Cha08\素材2.png"素材文件，单击【置入】按钮，如图8-5所示。

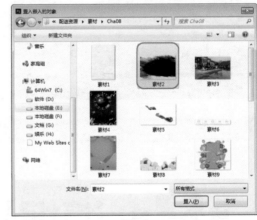

图8-5

Step 06 置入素材文件后调整大小及位置，效果如图8-6所示。

图8-6

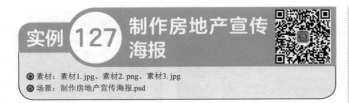

Step 07 在菜单栏中选择【文件】|【置入嵌入对象】命令，弹出【置入嵌入的对象】对话框，选择"素材\Cha08\素材3.jpg"素材文件，单击【置入】按钮，如图8-7所示。

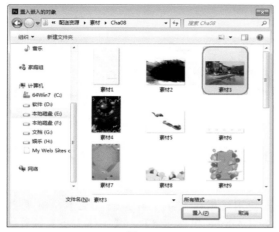

图8-7

Step 08 置入素材文件后调整对象的位置，在【素材3】图层上单击鼠标右键，在弹出的快捷菜单中选择【创建剪贴蒙版】命令，创建剪贴蒙版后的效果如图8-8所示。

图8-8

Step 09 使用【横排文字工具】输入文本，将【字体】设置为【方正行楷简体】，【字体大小】设置为130点，【字符间距】设置为-50，【颜色】设置为#897171，取消仿粗体，将【语言】设置为【美国英语】，【消除锯齿】设置为【锐利】，如图8-9所示。

图8-9

Step 10 双击该文本图层，弹出【图层样式】对话框，勾选【描边】复选框，将【大小】设置为35像素，【位置】设置为【外部】，【混合模式】设置为【正常】，【不透明度】设置为100%，【颜色】设置为白色，如图8-10所示。

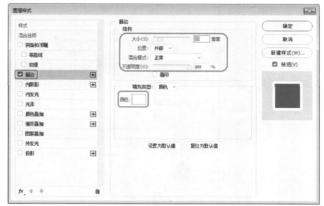

图8-10

Step 11 勾选【投影】复选框，将【混合模式】设置为【正片叠底】，【颜色】设置为黑色，【不透明度】设置为35%，【角度】设置为120度，【距离】、【扩展】、【大小】分别设置为20像素、15%、47像素，单击【确定】按钮，如图8-11所示。

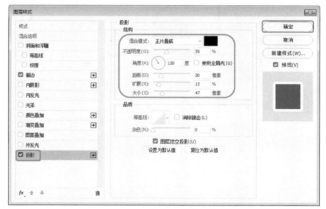

图8-11

Step 12 选择【涵】文本，将【字体大小】更改为140点，如图8-12所示。

图8-12

Step 13 新建【图层1】，使用【钢笔工具】，在工具选项栏中将【工具模式】设置为【路径】，绘制图形，按Ctrl+Enter组合键将其转换为选区，将【前景色】设置为#b11920，按Alt+Delete组合键，对图形进行填充，如图8-13所示。

图8-13

Step 14 使用【直排文字工具】输入文本，将【字体】设置为【方正黄草简体】，【字体大小】设置为18点，【字符间距】设置为-100，【颜色】设置为白色，单击【仿粗体】按钮 T，如图8-14所示。

图8-14

Step 15 使用【横排文字工具】输入文本，将【字体】设置为【Adobe 黑体 Std】，【字体大小】设置为35点，【字符间距】设置为-100，【颜色】设置为#897171，取消【仿粗体】，如图8-15所示。

图8-15

Step 16 使用【横排文字工具】输入文本，将【字体】设置为【Adobe 黑体 Std】，【字体大小】设置为24点，【字符间距】设置为100，【颜色】设置为#18244d，如图8-16所示。

图8-16

Step 17 使用【横排文字工具】输入文本，将【字体】设置为【Adobe 黑体 Std】，【字体大小】设置为14.2点，【颜色】设置为#18244d，如图8-17所示。

图8-17

Step 18 使用【矩形工具】绘制矩形，将W和H分别设置为510、170像素，【填充】设置为#897171，【描边】设置为无，如图8-18所示。

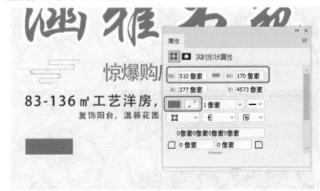

图8-18

Step 19 使用【横排文字工具】输入文本"立即抢购"将【字体】设置为【Adobe 黑体 Std】，【字体大小】设置为16.5点，【字符间距】设置为100，【颜色】设置为白色，如图8-19所示。

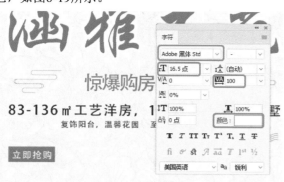

图8-19

Step 20 使用【横排文字工具】输入文本"开盘当日预定客户一万抵二万购买500㎡送泳池"，将【字体】设置为【Adobe 黑体 Std】，【字体大小】设置为22点，【颜色】设置为#ff0000，如图8-20所示。选中【开盘当日预定客户】、【购买500㎡】文本，将【字体大小】设置为16.5点，文本颜色设置为黑色，文本的【字符间距】设置为100，如图8-20所示。

图8-20

Step 21 使用【圆角矩形工具】绘制圆角矩形，将W和H分别设置为457、117像素，【填充】设置为#db750c，【描边】设置为无，【角半径】均设置为15.6像素，如图8-21所示。

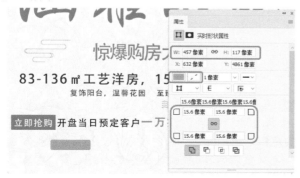

图8-21

Step 22 使用【横排文字工具】输入文本，将【字体】设置为【Adobe 黑体 Std】，【字体大小】设置为12点，【字符间距】设置为100，【颜色】设置为黑色，将【语言】设置为【美国英语】，【消除锯齿】设置为【浑厚】，如图8-22所示。

图8-22

Step 23 通过【圆角矩形工具】和【横排文字工具】制作如图8-23所示的内容。

图8-23

Step 24 使用同样的方法制作如图8-24所示的内容。

图8-24

实例 **128** 制作开盘倒计时海报

● 素材：素材4.jpg、素材5.png、素材6.png
● 场景：制作开盘倒计时海报.psd

Step 01 按Ctrl+O组合键，弹出【打开】对话框，选择"素材\Cha08\素材4.jpg"素材文件，单击【打开】按钮，如图8-25所示。

图8-25

Step 02 使用【横排文字工具】输入文本,将【字体】设置为【微软雅黑】,【字体大小】设置为460点,【字符间距】设置为60,【颜色】设置为白色,调整位置,将【语言】设置为【美国英语】,【消除锯齿】设置为【平滑】,如图8-26所示。

图8-26

Step 03 双击文本图层,弹出【图层样式】对话框,勾选【斜面和浮雕】复选框,将【样式】设置为【内斜面】,【方法】设置为【平滑】,【深度】设置为990%,【大小】和【软化】分别设置为163像素、0像素,将【阴影】选项组下方的【角度】、【高度】分别设置为80度、30度,【高光模式】设置为【颜色减淡】,【颜色】设置为白色,【不透明度】设置为60%,【阴影模式】设置为【线性减淡(添加)】,颜色设置为#60421e,【不透明度】设置为71%,效果如图8-27所示。

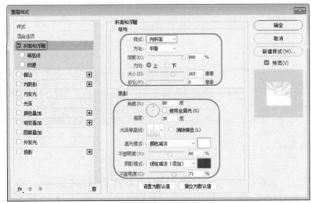

图8-27

Step 04 单击【光泽等高线】右侧的图标按钮,弹出【等高线编辑器】对话框,将【预设】设置为【波形】,将起始处映射点【输入】为100、【输出】为100,在线的位置单击鼠标左键出现一个映射点【输入】为86、【输出】为15,使用同样的方法设置映射点【输入】为76、【输出】为56,设置映射点【输入】为62、【输出】为17,设置映射点【输入】为49、【输出】为96,设置映射点【输入】为42、【输出】为16,设置映射点【输入】为27、【输出】为62,设置映射点【输入】为17、【输出】为13,尾部映射点【输入】为0、【输出】为100,将名称设置为【波形】,单击【新建】按钮,最后单击【确定】按钮,如图8-28所示。

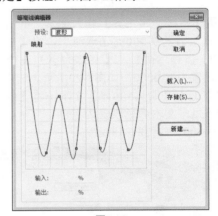

图8-28

Step 05 勾选【描边】复选框,将【大小】设置为20像素,【位置】设置为【外部】,【混合模式】设置为【正常】,【不透明度】设置为100%,取消勾选【叠印】复选框,【填充类型】设置为【渐变】,【样式】设置为【对称的】,【角度】设置为90度,【缩放】设置为112%,如图8-29所示。

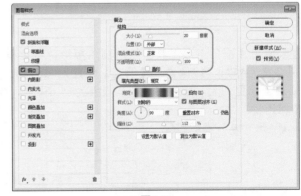

图8-29

Step 06 单击【渐变】弹出【渐变编辑器】对话框,将0%位置处的色标颜色设置为#654302,在12%位置处添加色标,色标颜色为# f7c972,在25%位置处添加色标,色标颜色为#644202,在54%位置处添加色标,色标颜色为# f7c972,在77%位置处添加色标,色标颜

Photoshop图像处理+网店美工+特效制作 完全实训手册

色为# 694809，在88%位置处添加色标，色标颜色为#f7c972，将100%位置处的色标移动至99%位置处，色标颜色为# 6f4d0c，将名称设置为【灰黄浅】，单击【新建】按钮，如图8-30所示。

图8-30

Step 07 勾选【内发光】复选框，将【混合模式】设置为【柔光】，【不透明度】、【杂色】分别设置为100%、63%，将图素下的【方法】设置为【柔和】，【源】设置为【居中】，【阻塞】、【大小】分别设置为0%、46像素，如图8-31所示。

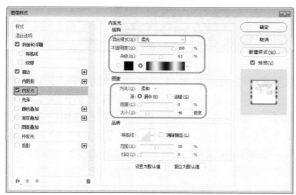

图8-31

Step 08 单击渐变编辑器，将0%位置处色标颜色设置为#0d1117，在25%位置处添加色标，色标颜色为#eaebec，在50%位置处添加色标，色标颜色为#161a20，在75%位置处添加色标，色标颜色为#eaebec，将100%位置处色标颜色设置为# 0d1117，名称设置为【灰白】，单击【新建】按钮，如图8-32所示。

Step 09 勾选【光泽】复选框，将【混合模式】设置为【颜色减淡】，【颜色】设置为# e8ad41，【不透明度】、【角度】、【距离】、【大小】分别设置为90%、80度、34像素、29像素，【等高线】设置为【波形】，如图8-33所示。

Step 10 勾选【渐变叠加】复选框，将【混合模式】设置为【正常】，【不透明度】设置为76%，【样式】改为

【线性】，勾选【与图层对齐】复选框，【角度】、【缩放】分别设置为90度、100%，单击渐变编辑器，将0%位置处色标颜色设置为# 725d29，在5%位置处添加色标，色标颜色为# 65501e，在11%位置处添加色标，色标颜色为# e3c066，在40%位置处添加色标，色标颜色为# ae9045，将52%位置处色标颜色设置为#917633，将100%位置处色标颜色设置为# e3c066，名称设置为【黄铜色】，如图8-34所示。

图8-32

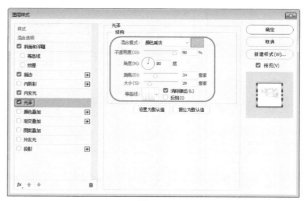

图8-33

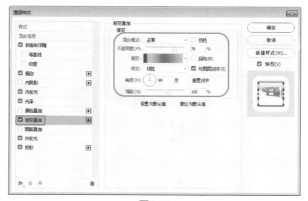

图8-34

Step 11 勾选【外发光】复选框，将【混合模式】设置为【颜色减淡】，【不透明度】、【杂色】分别设置为

75%、0%，【颜色】设置为#e8ad41，将【图素】下的【方法】设置为【精确】，【扩展】、【大小】分别设置为18%、161像素，如图8-35所示。

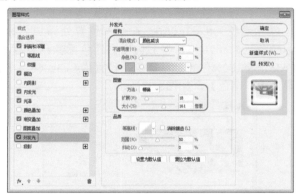

图8-35

Step 12 勾选【投影】复选框，将【混合模式】设置为【正常】，【颜色】设置为#e8ad41，【不透明度】设置为100%，【角度】、【距离】、【扩展】、【大小】分别设置为90度、0像素、53%、35像素，单击【确定】按钮，如图8-36所示。

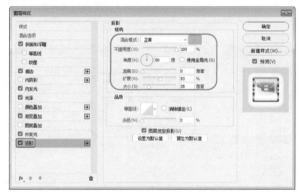

图8-36

Step 13 在菜单栏中选择【文件】|【置入嵌入对象】命令，弹出【置入嵌入的对象】对话框，选择"素材\Cha08\素材5.png"素材文件，单击【置入】按钮，效果如图8-37所示。

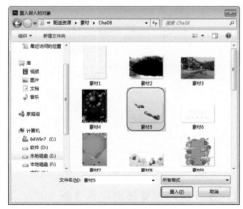

图8-37

Step 14 置入素材文件后调整对象位置，效果如图8-38所示。

图8-38

Step 15 使用【横排文字工具】输入文本，将【字体】设置为【Adobe 黑体 Std】，【字体大小】设置为30点，【字符间距】设置为0，【颜色】设置为白色，如图8-39所示。

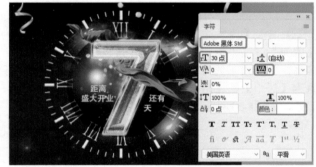

图8-39

Step 16 在该图层双击鼠标，弹出【图层样式】对话框，勾选【投影】复选框，将【混合模式】设置为【正片叠底】，【颜色】设置为黑色，【不透明度】、【角度】、【距离】、【扩展】、【大小】分别设置为75%、120度、6像素、0%、0像素，如图8-40所示。

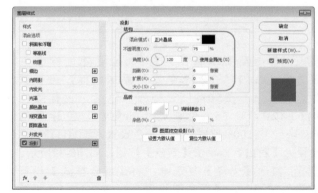

图8-40

Step 17 单击【确定】按钮，使用【横排文字工具】输入文本，将【字体】设置为【方正大标宋简体】，【字体大小】设置为145点，【字符间距】设置为-125，【颜色】设置为白色，如图8-41所示。

Photoshop图像处理+网店美工+特效制作 完全实训手册

图8-41

Step 18 选择【璀璨盛典】文本图层，弹出【图层样式】对话框，勾选【斜面和浮雕】复选框，将【样式】设置为【内斜面】，【方法】设置为【平滑】，将【深度】设置为164%，【大小】和【软化】分别设置为179像素、0像素，将【阴影】选项组下方的【角度】、【高度】分别设置为80度、30度，【光泽等高线】设置为【环形-双】，【高光模式】设置为【颜色减淡】，【颜色】设置为白色，【不透明度】设置为100%，【阴影模式】设置为【正片叠底】，【颜色】设置为# fed872，【不透明度】设置为75%，如图8-42所示。

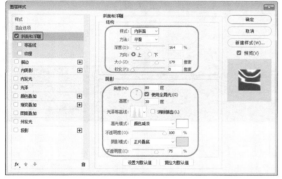

图8-42

Step 19 勾选【等高线】复选框，将【因素】下的等高线设置为半圆，将【范围】设置为50%。勾选【光泽】复选框，将【混合模式】设置为【正片叠底】，【颜色】设置为# 995e00，【不透明度】、【角度】、【距离】、【大小】分别设置为50%、19度、36像素、10像素，【等高线】设置为【环形】，如图8-43所示。

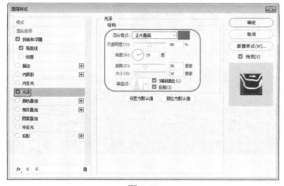

图8-43

Step 20 勾选【投影】复选框，将【混合模式】设置为【正片叠底】，【不透明度】设置为75%，【角度】、【距离】、【扩展】、【大小】分别设置为120度、0像素、24%、11像素，单击【确定】按钮，如图8-44所示。

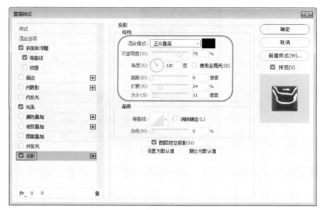

图8-44

Step 21 应用图层样式后的效果如图8-45所示。

图8-45

Step 22 使用【横排文字工具】输入文本，将【字体】设置为【Adobe 黑体 Std】，【字体大小】设置为45点，【颜色】设置为#f4d77c，将【语言】设置为【美国英语】，【消除锯齿】设置为【犀利】，如图8-46所示。

图8-46

Step 23 在【图层】面板中单击【创建新图层】按钮，使用【矩形选框工具】，在工作区中绘制如图8-47所示的矩形选区。

图8-47

Step 24 在菜单栏中选择【编辑】|【描边】命令，如图8-48所示。

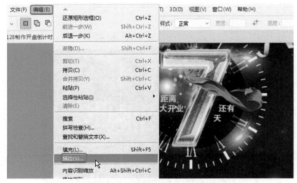

图8-48

⊙提示·⊙

　　按住**Alt+Shift**组合键以光标所在位置为中心创建正方形选区。

Step 25 弹出【描边】对话框，将【宽度】设置为7像素，【颜色】设置为#e5c07f，单击【确定】按钮，如图8-49所示。

图8-49

Step 26 使用【直线工具】，将【工具模式】设置为【形状】，【填充】设置为#e5c07f，【描边】设置为无，【粗细】设置为5像素，绘制线段，如图8-50所示。

图8-50

Step 27 使用【横排文字工具】输入文本，将【字体】设置为【方正大标宋简体】，【字体大小】设置为22.5点，【字符间距】设置为193，【颜色】设置为#bea863，如图8-51所示。

图8-51

Step 28 使用【横排文字工具】输入文本，将【字体】设置为【Adobe 黑体 Std】，【字体大小】设置为11.08点，【行距】设置为11.87点，【字符间距】设置为100，【填充】设置为# f4d77c，将【语言】设置为【美国英语】，【消除锯齿】设置为【犀利】，如图8-52所示。

图8-52

Step 29 在菜单栏中选择【文件】|【置入嵌入对象】命

令，弹出【置入嵌入的对象】对话框，选择"素材\Cha08\素材6.png"素材文件，单击【置入】按钮，如图8-53所示。

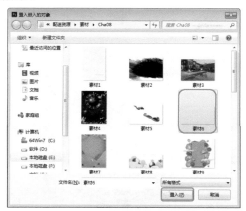

图8-53

Step 30 调整素材文件的位置，效果如图8-54所示。

图8-54

实例 129 制作开业海报

● 素材：素材7.jpg、素材8.png、素材9.png
● 场景：制作盛大开业海报.psd

Step 01 按Ctrl+O组合键，弹出【打开】对话框，选择"素材\Cha08\素材7.jpg"素材文件，单击【打开】按钮，如图8-55所示。

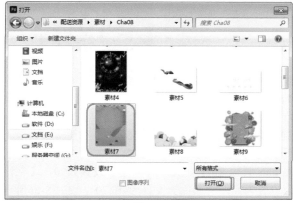

图8-55

Step 02 打开素材文件后的效果如图8-56所示。

Step 03 在菜单栏中选择【文件】|【置入嵌入对象】命令，弹出【置入嵌入的对象】对话框，选择"素材\Cha08\素材8.png"素材文件，单击【置入】按钮，如图8-57所示。

Step 04 确认选中的素材文件，在菜单栏中选择【图像】|【调整】|【亮度/对比度】命令，如图8-58所示。

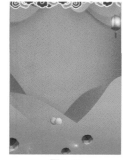

图8-56

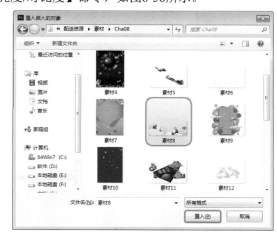

图8-57

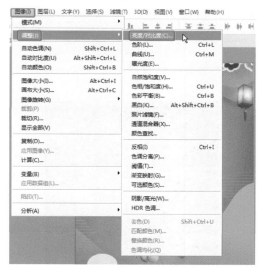

图8-58

Step 05 弹出【亮度/对比度】对话框，将【亮度】、【对比度】分别设置为51、-49，单击【确定】按钮，如图8-59所示。

Step 06 在菜单栏中选择【文件】|【置入嵌入对象】命令，弹出【置入嵌入的对象】对话框，选择"素材\Cha08\素材9.png"素材文件，单击【置入】按钮，如图8-60所示。

图8-59

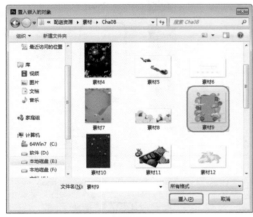

图8-60

Step 07 置入素材文件后调整对象位置，效果如图8-61所示。

图8-61

Step 08 使用【矩形工具】绘制矩形，将W和H分别设置为1014、163像素，【填充】设置为无，【描边】设置为白色，【描边宽度】设置为10像素，如图8-62所示。

Step 09 使用【横排文字工具】输入文本，将【字体】设置为【方正美黑简体】，【字体大小】设置为45点，【字符间距】设置为100，【颜色】设置为白色，如图8-63所示。

图8-62

图8-63

Step 10 使用【直排文字工具】输入文本，将【字体】设置为【方正行楷简体】，【字体大小】设置为274点，【字符间距】设置为-100，【颜色】设置为#ffff00，将【消除锯齿】设置为【浑厚】，如图8-64所示。

图8-64

Step 11 使用【横排文字工具】输入文本，将【字体】设置为【Adobe 黑体 Std】，【字体大小】设置为72点，【字符间距】设置为20，【水平缩放】设置为100%，【颜色】设置为白色，如图8-65所示。

Step 12 选中输入的文本，把数字的【字体】设置为【Adobe 黑体 Std】，【字体大小】设置为90，【字符间距】设置为20，【颜色】设置为#ffe70c，如图8-66所示。

图8-65

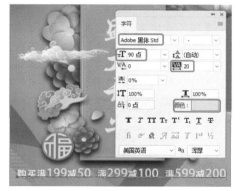

图8-66

Step 13 选中输入的文本图层，双击鼠标左键，弹出【图层样式】对话框，勾选【投影】复选框，【混合模式】设置为【正片叠底】，【不透明度】、【角度】、【距离】、【扩展】、【大小】分别设置为22%、30度、39像素、19%、28像素，【填充类型】设置为黑色，如图8-67所示。

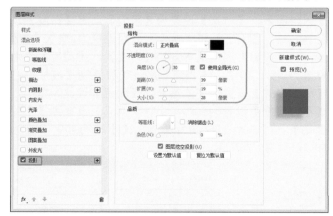

图8-67

Step 14 单击【确定】按钮，使用【横排文字工具】输入文本，将【字体】设置为【Adobe 黑体 Std】，【字体大小】设置为72点，【字符间距】设置为200，【颜色】设置为白色，如图8-68所示。

Step 15 使用【横排文字工具】输入文本，将【字体】设置为【Adobe 黑体 Std】，【字体大小】设置为72点，【字符间距】设置为-100，【颜色】设置为白色，如图8-69所示。

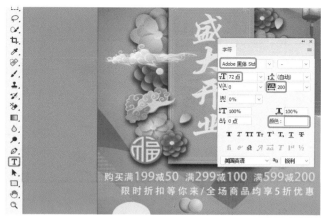

图8-68

图8-69

Step 16 最终效果如图8-70所示。

图8-70

实例 130 制作中秋节海报

● 素材：素材10.jpg、素材11.png、素材12.png
● 场景：制作中秋节海报.psd

Step 01 按Ctrl+O组合键，弹出【打开】对话框，选择"素材\Cha08\素材10.jpg"素材文件，单击【打开】按

钮，如图8-71所示。

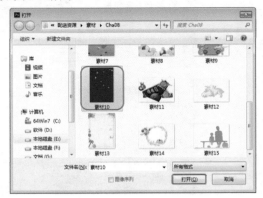

图8-71

Step 02 使用【横排文字工具】输入文本，将【字体】设置为【华文行楷】，【字体大小】设置为54点，【垂直缩放】设置为235%，【水平缩放】设置为263%，【颜色】设置为白色，【消除锯齿】设置为【锐利】，如图8-72所示。

图8-72

Step 03 使用【横排文字工具】输入文本，将【字体】设置为【迷你繁启体】，【字体大小】设置为48点，【字符间距】设置为25。单击【仿粗体】按钮 **T** ，【垂直缩放】设置为100%，【水平缩放】设置为100%，如图8-73所示。

图8-73

Step 04 使用【横排文字工具】输入文本，将【字体】设置为【汉仪尚巍手书W】，【字体大小】设置为71点，【垂直缩放】设置为303%，【水平缩放】设置为180%。【字符间距】设置为0点，取消【仿粗体】，如

图8-74所示。

图8-74

Step 05 使用【横排文字工具】输入文本，将【字体】设置为【华文行楷】，【字体大小】设置为59点，【字符间距】设置为25，【垂直缩放】设置为100%，【水平缩放】设置为100%，如图8-75所示。

图8-75

Step 06 选择【情】文本图层，弹出【图层样式】对话框，勾选【斜面和浮雕】复选框，将【样式】设置为【内斜面】，【方法】设置为【平滑】，将【深度】设置为22%，【大小】和【软化】分别设置为9像素、0像素，将【阴影】选项组下方的【角度】、【高度】分别设置为0度、30度，【光泽等高线】设置为【线性】，【高光模式】设置为【滤色】，【颜色】设置为白色，【不透明度】设置为50%，【阴影模式】设置为【正片叠底】，【颜色】设置为黑色，【不透明度】设置为50%，如图8-76所示。

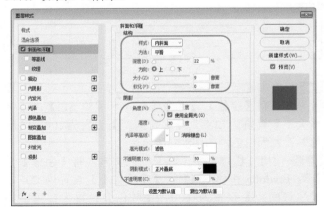

图8-76

Step 07 勾选【描边】复选框，将【大小】设置为210像素，【位置】设置为【内部】，【混合模式】设置为【正常】，【不透明度】设置为100%，【填充类型】设置为【渐变】，【样式】设置为【线性】，【角度】设置为90度，【缩放】设置为150%，如图8-77所示。

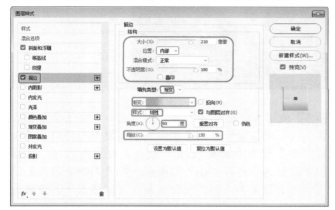

图8-77

Step 08 单击渐变右侧的渐变条，弹出【渐变编辑器】对话框，将0%位置处色标颜色设置为# c0a675，在20%位置处添加色标，色标颜色为# c0a675，在43%位置处添加色标，色标颜色为# ead6ba，将100%位置处的色标颜色设置为# ead6ba，名称设置为【金黄色】，单击【新建】按钮，如图8-78所示。

图8-78

Step 09 单击两次【确定】按钮后，在【图层】面板中选择【情】图层，单击鼠标右键，在弹出的快捷菜单中选择【拷贝图层样式】命令，分别选择【满】、【中】、【秋】文字，单击鼠标右键，在弹出的快捷菜单中选择【粘贴图层样式】命令，效果如图8-79所示。

Step 10 用【横排文字工具】输入文本，将【字体】设置为【Adobe 黑体 Std】，【字体大小】设置为15.24点，【字符间距】设置为60，如图8-80所示。

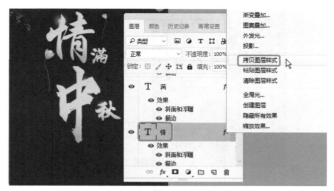

图8-79

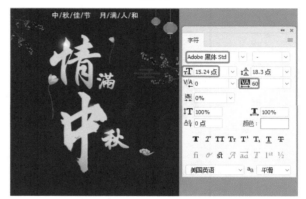

图8-80

Step 11 使用【直排文字工具】输入文本，将【字体】设置为【创艺简黑体】，【字体大小】设置为15.24点，【字符间距】设置为550，【行距】设置为0.99点，如图8-81所示。

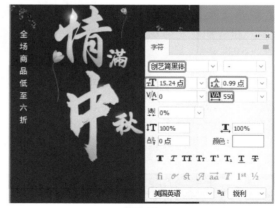

图8-81

Step 12 新建【图层】，使用【直排文字工具】输入文本，将【字体】设置【创艺简黑体】，【字体大小】设置为15.24点，【字符间距】设置为550，【行距】设置为0.99点，如图8-82所示。

Step 13 在菜单栏中选择【文件】|【置入嵌入对象】命令，弹出【置入嵌入的对象】对话框，选择"素材\Cha08\素材11.png"素材文件，单击【置入】按钮，如图8-83所示。

图8-82

图8-86

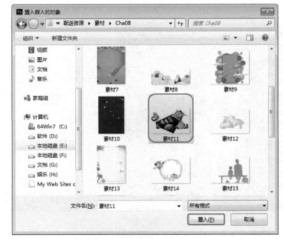

图8-83

Step 14 置入素材文件后调整大小及位置，效果如图8-84所示。

Step 15 使用【矩形工具】绘制矩形，将W和H分别设置为229、69像素，【填充】设置为无，【描边】设置为#760877，【描边宽度】设置为1.9像素，如图8-85所示。

图8-84

Step 16 使用【矩形工具】绘制矩形，将W和H分别设置为145、69像素，【填充】设置为#760877，【描边】设置为无，如图8-86所示。

图8-85

Step 17 使用【横排文字工具】输入文本，将【字体】设置为【创艺简老宋】，【字体大小】设置为13点，【字符间距】设置为25，【水平缩放】设置为82%，【颜色】设置为白色，如图8-87所示，将【购物优惠券】的【字体】设置为【创艺简黑体】，【字体大小】设置为12.26点，【水平缩放】73%。

图8-87

Step 18 在【图层】面板中选择绘制的矩形和文字对象，按Ctrl+J组合键对其进行复制，如图8-88所示。

图8-88

Step 19 将第二个复制的矩形，【填充】颜色更改为#007cff，【描边】设置为无，将"100元"更改为"200元"并更改文本内容，如图8-89所示。

Step 20 将第三个复制的矩形，【填充】颜色更改为#f08b08，【描边】设置为无，将"100元"更改为"300

元"，如图8-90所示。

图8-89

图8-90

Step 21 在菜单栏中选择【文件】|【置入嵌入对象】命令，弹出【置入嵌入的对象】对话框，选择"素材\Cha08\素材12.png"素材文件，单击【置入】按钮，效果如图8-91所示。

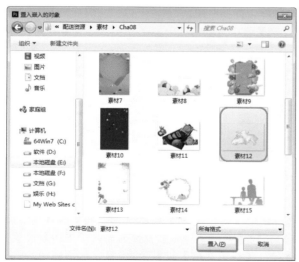

图8-91

Step 22 置入素材文件后调整大小及位置，效果如图8-92所示。

Step 23 最终效果如图8-93所示。

图8-92

图8-93

实例 131 制作感恩节宣传海报

● 素材：素材13.jpg、素材14.png、素材15.png
● 场景：制作感恩节宣传海报.psd

Step 01 启动软件，按Ctrl+N快捷组合键，在弹出的对话框中将【宽度】、【高度】分别设置为640、853像素，将【分辨率】设置为96像素/英寸，将【颜色模式】设置为【RGB颜色/8位】，将【背景内容】设置为白色，设置完成后，单击【创建】按钮，如图8-94所示。

图8-94

Step 02 在菜单栏中选择【文件】|【置入嵌入对象】命令，弹出【置入嵌入的对象】对话框，选择"素材\Cha08\素材13.jpg"素材文件，单击【置入】按钮，调整素材的大小及位置，如图8-95所示。

Step 03 在菜单栏中选择【文件】|【置入嵌入对象】命令，弹出【置入嵌入的对

图8-95

象】对话框，选择"素材\Cha08\素材14.png"素材文件，单击【置入】按钮，调整素材的大小及位置，如图8-96所示。

图8-96

Step 04 置入素材文件后调整大小及位置，如图8-97所示。

Step 05 使用【横排文字工具】输入文本，将【字体】设置为【方正华隶简体】，【字体大小】设置为100点，【字符间距】设置为-280，【垂直缩放】设置为135%，【水平缩放】设置为120%，【颜色】设置为#dc4b67，如图8-98所示。

图8-97

图8-98

Step 06 使用【横排文字工具】输入文本，将【字体】设置为【汉仪蝶语体简】，【字体大小】设置为80点，【字符间距】设置为-280，【垂直缩放】设置为135%，【水平缩放】设置为164%，【颜色】设置为#dc4b67，如图8-99所示。

Step 07 新建【图层】使用【横排文字工具】输入文本，

将【字体】设置为【汉仪蝶语体简】，【字体大小】设置为95点，【字符间距】设置为-280，【垂直缩放】设置为103%，【水平缩放】设置为129%，【颜色】设置为#dc4b67，效果如图8-100所示。

图8-99

图8-100

Step 08 使用栅格化，用【橡皮擦工具】对【感恩】文字进行擦除，如图8-101所示。

图8-101

Step 09 使用【矩形工具】绘制矩形，将W和H分别设置为503、34像素，【填充】设置为无，【描边】设置为#fc4580，【描边宽度】设置为1像素，如图8-102所示。选择绘制的矩形，在【图层】面板中单击鼠标右键，在弹出的快捷菜单中选择【复制图层】命令，在弹出的【复制图层】对话框中，保持默认设置，单击【确定】按钮，对其进行复制。

图8-102

Step 10 选择复制后的【矩形1 拷贝】图层，将W和H分别设置为503、34像素，X和Y分别设置为72、451像素，【填充】设置为#fc4580，【描边】设置为无，【描边宽度】设置为1像素，效果如图8-103所示。

图8-103

Step 11 使用【横排文字工具】输入文本，将【字体】设置为【微软雅黑】，【字体样式】设置为Regular，【字体大小】设置为15.54点，【字符间距】设置为0，【颜色】设置为白色，将【语言】设置为【英国英语】，【消除锯齿】设置为【锐利】，效果如图8-104所示。

图8-104

Step 12 选中输入的文本，将【字体】设置为【微软雅黑】，【字体样式】设置为Bold，【字体大小】设置为20点，【字符间距】设置为0点，【颜色】设置为#fff100，如图8-105所示。

图8-105

Step 13 使用【横排文字工具】输入文本，将【字体】设置为【微软雅黑】，【字体样式】设置为Regular，【字体大小】设置为18点，【字符间距】设置为0，颜色设置为#262626，如图8-106所示。

图8-106

Step 14 使用【横排文字工具】输入文本，将【字体】设置为【微软雅黑】，【字体样式】设置为Regular，【字体大小】设置为10 点，【字符间距】设置为200，颜色设置为#262626，使用同样的方法制作其他文本，如图8-107所示。

图8-107

Step 15 在菜单栏中选择【文件】|【置入嵌入对象】命令，弹出【置入嵌入的对象】对话框，选择"素材\Cha08\素材15.png"素材文件，单击【置入】按钮，如图8-108所示。

图8-108

Step 16 置入素材文件后调整大小及位置，效果如图8-109所示。

Step 17 最终效果如图8-110所示。

图8-109　　　　　　图8-110

实例 **132** 制作早教宣传海报

● 素材：素材16.jpg、素材17.png~素材19.png
● 场景：制作早教宣传海报.psd

Step 01 打开Photoshop软件，在菜单栏中选择【文件】|【新建】命令，在弹出的【新建文档】对话框中将【宽度】和【高度】分别设置为1240、1754像素，将【分辨率】设置为72像素/英寸，将【颜色模式/8位】设置为【RGB颜色】，将【背景内容】设置为白色，设置完成后，单击【创建】按钮，如图8-111所示。

图8-111

Step 02 在菜单栏中选择【文件】|【置入嵌入对象】命令，弹出【置入嵌入的对象】对话框，选择"素材\Cha08\素材16.jpg"素材文件，单击【置入】按钮，调整素材的大小及位置，如图8-112所示。

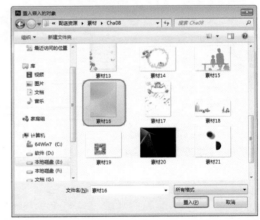

图8-112

Step 03 在菜单栏中选择【文件】|【置入嵌入对象】命令，弹出【置入嵌入的对象】对话框，选择"素材\Cha08\素材17.png"素材文件，单击【置入】按钮，如图8-113所示。

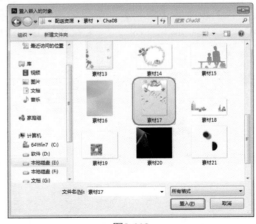

图8-113

Step 04 置入素材文件后调整大小及位置，效果如图8-114所示。

Step 05 在工具箱中单击【横排文字工具】，输入文本"童林堡"，输入完成后打开【字符】面板，在该面板中将【字体】设置为【方正胖娃简体】，将【字体大小】设置为200点，将【行距】和【字符间距】分别设置为28点、0，将【颜色】设置为# ffff33，将【语言】设置为【美国英语】，【消除锯齿】设置为【平滑】，如图8-115所示。

图8-114

图8-115

Step 06 在【图层】面板中单击【添加图层样式】按钮，在弹出的下拉列表中选择【描边】命令，如图8-116所示。

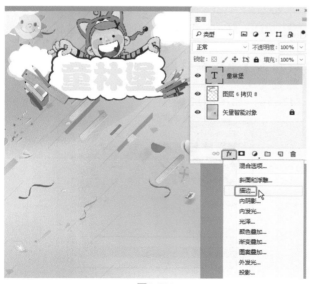

图8-116

Step 07 在弹出的【图层样式】对话框中，将【大小】设置为20像素，将【位置】设置为【外部】，将【混合模式】设置为【正常】，将【不透明度】设置为100%，将【填充类型】设置为【颜色】，将【颜色】设置为#006633，设置完成后单击【确定】按钮，如图8-117所示。

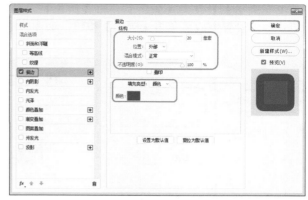

图8-117

Step 08 在工具箱中单击【横排文字工具】，输入文本"儿童早教"，输入完成后打开【字符】面板，在该面板中将【字体】设置为【方正综艺简体】，将【字体大小】设置为230点，将【行距】和【字符间距】分别设置为28点、0，将【颜色】设置为# ffff33，如图8-118所示。

图8-118

Step 09 在【图层】面板中单击【添加图层样式】按钮，在弹出的下拉列表中，选择【描边】命令，如图8-119所示。

图8-119

Step 10 在弹出的【图层样式】对话框中，将【大小】设置为30像素，将【位置】设置为【外部】，将【混合模式】设置为【正常】，将【不透明度】设置为100%，将【填充类型】设置为【颜色】，将【颜色】设置为#006633，设置完成后单击【确定】按钮，如图8-120所示。

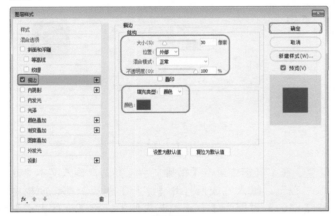

图8-120

Step 11 按Ctrl+J组合键对【儿童早教】进行两次复制，双击【图层】面板中的【儿童早教拷贝】图层，在弹出的【图层样式】对话框中，勾选【描边】复选框，将【大小】设置为20像素，将【位置】设置为【外部】，将【混合模式】设置为【正常】，将【不透明度】设置为100%，将【填充类型】设置为【颜色】，将【颜色】设置为白色，设置完成后单击【确定】按钮，如图8-121所示。

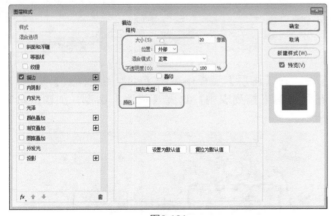

图8-121

Step 12 双击【图层】面板中的【儿童早教拷贝2】图层，在弹出的【图层样式】对话框中，勾选【描边】复选框，将【大小】设置为10像素，将【位置】设置为【外部】，将【混合模式】设置为【正常】，将【不透明度】设置为100%，将【填充类型】设置为【颜色】，将【颜色】设置为#006633，设置完成后单击【确定】按钮，如图8-122所示。

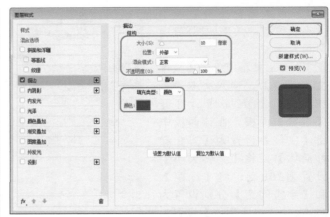

图8-122

Step 13 在【图层】面板中单击【创建新图层】按钮，选中创建的【图层1】，单击工具箱中的【钢笔工具】，将【工具模式】设置为【路径】，绘制图形，如图8-123所示。

图8-123

Step 14 按Ctrl+Enter组合键，将其转换为选区，单击工具箱中的【渐变工具】，在工具选项栏中单击渐变条，在弹出的【渐变编辑器】对话框中将左侧色标的颜色设置为#ed3502，将右侧色标的颜色设置为#fd7e56，如图8-124所示。

图8-124

Step 15 设置完成后单击【确定】按钮，在工作区域中选中矩形，并为其设置渐变颜色，设置完成后的效果如图8-125所示。

图8-125

Step 16 在工具箱中单击【横排文字工具】，在工作区域输入文本，输入完成后打开【字符】面板，在该面板中将【字体】设置为【汉仪雁翎体简】，将【字体大小】设置为110，将【字符间距】设置为0，将【颜色】设置为白色，【水平缩放】设置为140%，单击【仿粗体】按钮 **T**，如图8-126所示。

图8-126

Step 17 选择"梦"文本，将【字体】设置为【汉仪雁翎体简】，将【字体大小】更改为130点，将【字符间距】设置为0，如图8-127所示。

图8-127

Step 18 选择"为"文本，将【字体】设置为【汉仪雁翎体简】，将【字体大小】更改为150点，将【字符间距】设置为0，如图8-128所示。

图8-128

Step 19 在工具箱中单击【横排文字工具】输入文本，输入完成后打开【字符】面板，在该面板中将【字体】设置为【Adobe 黑体 Std】，将【字体大小】设置为66.06点，将【字符间距】设置为0，将【颜色】设置为白色，单击【仿粗体】按钮 **T**，如图8-129所示。

图8-129

Step 20 选择绘制文字，将【字体大小】设置为81.18点，将【颜色】设置为#ffe84f，使用同上方法制作其余文本，如图8-130所示。

图8-130

Step 21 在菜单栏中选择【文件】|【置入嵌入对象】命令，弹出【置入嵌入的对象】对话框，选择"素材\Cha08\素

材18.png"素材文件，单击【置入】按钮，如图8-131
所示。

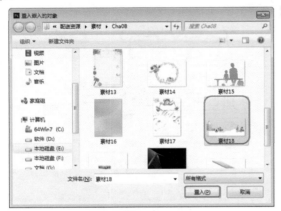

图8-131

Step 22 在菜单栏中选择【文件】|【置入嵌入对象】命
令，弹出【置入嵌入的对象】对话框，选择"素材Cha08\素
材19.png"素材文件，单击【置入】按钮，如图8-132
所示。

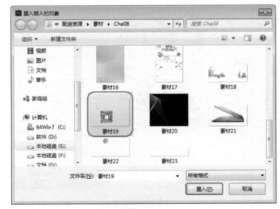

图8-132

Step 23 对置入的素材文件调整位置及大小，使用同样的
方法制作其他文本，最终效果如图8-133所示。

图8-133

实例 133 制作电脑宣传海报

◉ 素材：素材20.jpg、素材21.png~素材23.png
◉ 场景：制作电脑宣传海报.psd

Step 01 启动软件，按Ctrl+O组合键，在弹出的对话框中
选择"素材20.jpg"素材文件，单击【打开】按钮，如
图8-134所示。

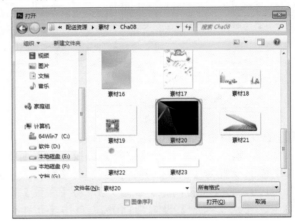

图8-134

Step 02 使用【钢笔工具】，将【工具模式】设置为【形
状】，将填充颜色设置为#ffffff，将【描边颜色】设置
为无，设置完成后绘制形状，如图8-135所示。

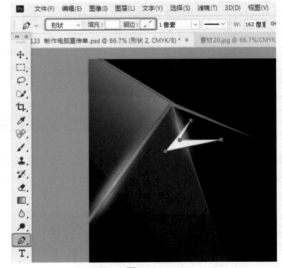

图8-135

⊙提示⋅⊙

　　按P键，可快速选择【钢笔工具】，按Shift+P组合
键，可快速实现各个【钢笔工具】之间的转换。

Step 03 使用上面介绍的方法再次绘制多个图形，绘制完
成后的效果如图8-136所示。

图8-136

Step 04 使用【横排文字工具】，输入文本，在【字符】面板中，将【字体】设置为【方正综艺简体】，将【字体大小】设置为60点，将【颜色】设置为#e71f19，如图8-137所示。

图8-137

Step 05 选中【图层】面板中的【新品上市】图层，按Ctrl+J组合键，将其复制，双击面板中的【新品上市 拷贝】图层，在弹出的【图层样式】对话框中，勾选【描边】复选框，将【大小】设置为250像素，【位置】设置为【内部】，【混合模式】设置为【正常】，【不透明度】设置为100%，【颜色】设置为#faf9f8，单击【确定】按钮，如图8-138所示。

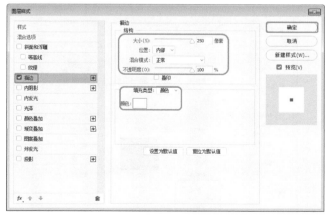

图8-138

Step 06 使用【横排文字工具】输入文本，在【字符】面板中，将【字体】设置为【Adobe 黑体 Std】，将【字体大小】设置为15点，将【颜色】设置为#ffffff，如图8-139所示。

图8-139

Step 07 使用上面介绍的方法再次输入文本，输入完成后的效果如图8-140所示。

图8-140

Step 08 在菜单栏中选择【文件】|【置入嵌入对象】命令，弹出【置入嵌入的对象】对话框，选择"素材\Cha08\素材21.png"素材文件，单击【置入】按钮，如图8-141所示。

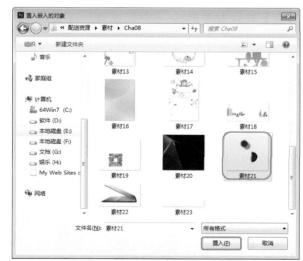

图8-141

Step 09 将素材打开后，选择图层【素材21】，按Ctrl+J组合键对其进行复制，并将其调整至合适的位置及大小，如图8-142所示。

图8-142

Step 10 双击【图层】面板中的【素材21】图层，在弹出的【图层样式】对话框中，将【混合模式】设置为【正常】，将【不透明度】设置为65%，如图8-143所示。

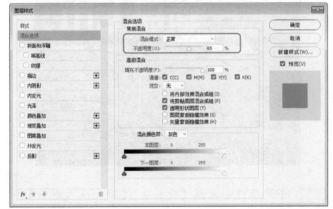

图8-143

Step 11 勾选【颜色叠加】复选框，将【混合模式】设置为【正常】，将【叠加颜色】设置为#245ba9，将【不透明度】设置为100%，设置完成后单击【确定】按钮，如图8-144所示。

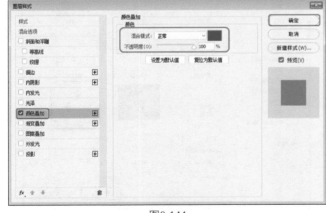

图8-144

Step 12 双击【图层】面板中的【素材21 拷贝】图层，在弹出的【图层样式】对话框中将【混合模式】设置为【划分】，将【不透明度】设置为62%，如图8-145所示。

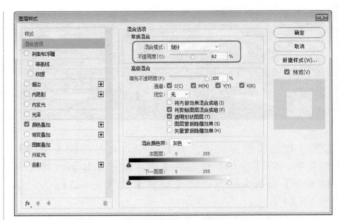

图8-145

Step 13 勾选【颜色叠加】复选框，将【混合模式】设置为【正常】，将【叠加颜色】设置为白色，将【不透明度】设置为100%，设置完成后单击【确定】按钮，设置完成后的效果如图8-146所示。

图8-146

Step 14 在菜单栏中选择【文件】|【置入嵌入对象】命令，弹出【置入嵌入的对象】对话框，选择"素材\Cha08\素材22.png"素材文件，单击【置入】按钮，如图8-147所示。

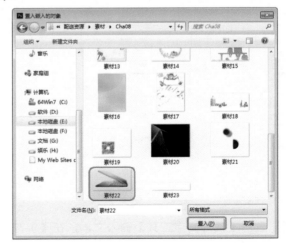

图8-147

Step 15 将素材打开后使用【移动工具】将该素材文件拖曳至当前场景文件中，并调整至合适的位置，在【图层】面

Photoshop图像处理+网店美工+特效制作 完全实训手册

板中将其重新命名为"电脑"，如图8-148所示。

图8-148

Step 16 使用【横排文字工具】输入文本，并将文本选中，在【字符】面板中将【字体】设置为【微软雅黑】，将【字体大小】设置为18点，将【颜色】设置为# ffffff，如图8-149所示。

图8-149

Step 17 使用【横排文字工具】输入文本，并将文本选中，在【字符】面板中将【字体】设置为【汉仪方隶简】，将【字体大小】设置为18点，将【颜色】设置为# 7fbf26，单击【全部大写字母】，如图8-150所示。

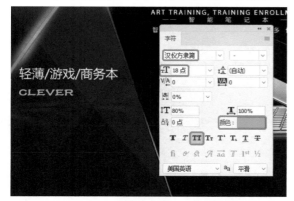

图8-150

Step 18 将文本选中，在【字符】面板中将【字体】设置为【汉仪方隶简】，将【字体大小】设置为30点，将

【颜色】设置为# 6bc128，如图8-151所示。使用【横排文字工具】输入文本，将"灵动"的【字体大小】设置为14点。

图8-151

Step 19 使用【椭圆工具】绘制椭圆，在【属性】面板中将W、H都设置为10像素，将【填充颜色】设置为# ffffff，将【描边颜色】设置为无，如图8-152所示。

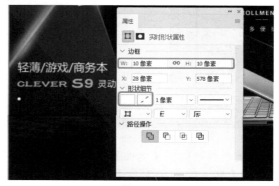

图8-152

Step 20 使用上面介绍的方法绘制其他椭圆，绘制完成后的效果如图8-153所示。

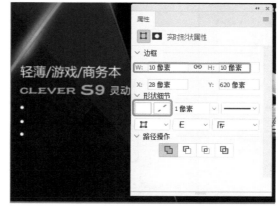

图8-153

Step 21 使用【横排文字工具】输入文本，并将文本选中，在【字符】面板中将【字体】设置为【微软雅黑】，将【字体大小】设置为10点，将【颜色】设置为# ffffff，如图8-154所示。

图8-154

Step 22 使用上面介绍的相同方法使用【横排文字工具】输入文本，并将文本选中，在【字符】面板中将【字体】设置为【微软雅黑】，将【字体大小】设置为10点，将【颜色】设置为# ffffff，如图8-155所示。

图8-155

Step 23 在菜单栏中选择【文件】|【置入嵌入对象】命令，弹出【置入嵌入的对象】对话框，选择"素材\Cha08\素材23.png"素材文件，单击【置入】按钮，如图8-156所示。

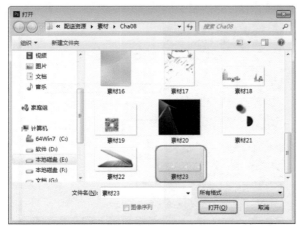

图8-156

Step 24 按Enter键确认置入，将素材文件打开后，选取该素材使用【移动工具】，将该素材拖曳至当前场景文件中，按Ctrl+T组合键并调整合适的位置与大小，如图8-157所示。

图8-157

Step 25 使用【横排文字工具】输入文本，并将文本选中，在【字符】面板中将【字体】设置为【Adobe 黑体Std】，将【字体大小】设置为11点，将【颜色】设置为白色，将【语言】设置为【美国英语】，将【消除锯齿】设置为【浑厚】，如图8-158所示。

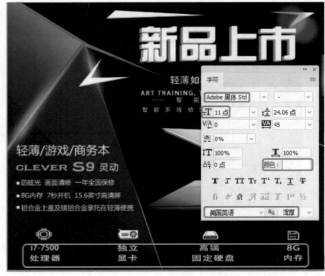

图8-158

Step 26 调整后的效果，如图8-159所示。

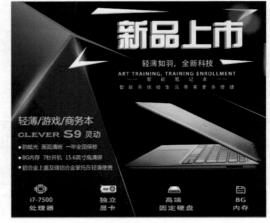

图8-159

第9章 包装设计

 本章导读

　　包装设计是一门综合运用自然科学和美学知识，为在商品流通过程中更好地保护商品，并促进商品的销售而开设的专业学科。本章将学习牙膏包装设计、粽子包装设计、茶叶包装设计、酸奶包装设计、白酒包装设计、月饼包装设计、鲜花饼包装设计、坚果礼盒包装设计以及大米包装设计的方法。

实例 134 牙膏包装设计

⊙ 素材：素材1.jpg、素材2.png
⊙ 场景：牙膏包装设计.psd

Step 01 按Ctrl+O组合键，弹出【打开】对话框，选择 "素材\Cha09\素材1.jpg" 素材文件，单击【打开】按钮，如图9-1所示。

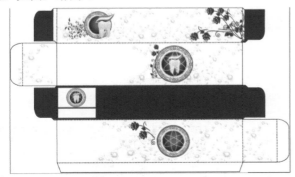

图9-1

Step 02 使用【横排文字工具】 **T** ，输入文本，在【字符】面板中将【字体】设置为【经典粗黑简】，将【字体大小】设置为60点，将【字符间距】设置为80，将【字体颜色】设置为#921d22，单击【仿斜体】 **T** 和【全部大写字母】按钮 **TT** ，如图9-2所示。

图9-2

Step 03 在【图层】面板中选中【贝】图层，单击【添加图层样式】按钮 **fx** ，在弹出的下拉菜单中选择【渐变叠加】命令，如图9-3所示。

Step 04 弹出【图层样式】对话框，单击【渐变】右侧的色块 ，弹出【渐变编辑器】对话框，将18%处的颜色设置为#53090e，51%位置处的颜色设置为#a11f24，100%位置处的颜色设置为#921d22，单击【确定】按钮，如图9-4所示。

Step 05 使用上面介绍的方法填充文字，输入 "诺" "洁" 文字，勾选【渐变叠加】复选框，将【混合模式】设置为【正常】，【不透明度】设置为100%，【样式】设置为【线性】，【角度】设置为90度，【缩放】设置为100%，如图9-5所示。

图9-3　　　　　　　　图9-4

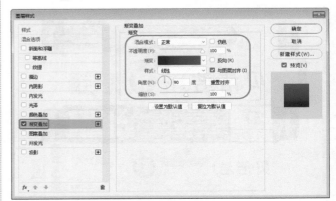

图9-5

Step 06 单击【渐变】右侧的色块 ，弹出【渐变编辑器】对话框，将18%处的颜色设置为#3b1f67，51%位置处的颜色设置为#454898，100%位置处的颜色设置为# 4f60a8，单击【确定】按钮，如图9-6所示。

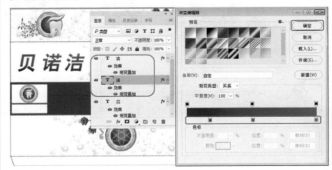

图9-6

Step 07 在【图层】面板中单击【创建新图层】按钮，新建【图层2】，在工具箱中单击【钢笔工具】，在工具选项栏中将【工具模式】设置为【路径】，在工作区中绘制路径，按Ctrl+Enter组合键将图形转换为选区，将【前景色】设置为#e71f19，按Alt+Delete组合键，填充效果如图9-7所示。

图9-7

Step 08 新建【图层3】，使用【钢笔工具】绘制图形，按Ctrl+Enter组合键将其转换为选区，使用【渐变工具】▣，单击工具选项栏中的【点按可编辑渐变】按钮▭，如图9-8所示。

图9-8

Step 09 弹出【渐变编辑器】对话框，将0%位置处的颜色设置为#b8b7b7，50%位置处的颜色设置为#efefef，100%位置处的颜色设置为#cac9c8，单击【确定】按钮，如图9-9所示。

图9-9

Step 10 拖曳鼠标设置渐变方向，如图9-10所示。

图9-10

Step 11 填充渐变后的效果如图9-11所示。

图9-11

Step 12 单击【创建新图层】按钮，新建【图层4】，使用【矩形选框工具】绘制如图9-12所示的选区。

图9-12

Step 13 使用【渐变工具】▣，单击工具选项栏中的【点按可编辑渐变】按钮▭，弹出【渐变编辑器】对话框，将0%位置处的颜色设置为# 00a369，50%位置处的颜色设置为# 85c46b，100%位置处的颜色设置为# 00a368，单击【确定】按钮，如图9-13所示。

Step 14 拖曳鼠标设置渐变方向，填充渐变后的效果如图9-14所示。

Step 15 通过【横排文字工具】T，输入"盐白"文字，将【字体】设置为【方正宋黑简体】，将【字符间距】设置为80，将【颜色】设置为白色，单击【仿粗体】按钮 T，将"盐"的【字体大小】设置为35点，将"白"的【字体大小】设置为50点，设置完成后的效果如图9-15所示。

图9-13

图9-14

图9-15

Step 16 在【图层】面板中双击【盐白】图层，弹出【图层样式】对话框，勾选【描边】复选框，设置如图9-16所示的参数。

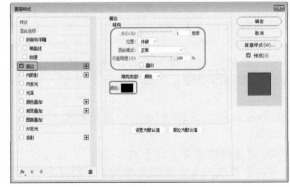

图9-16

Step 17 勾选【投影】复选框，设置如图9-17所示的参数，单击【确定】按钮。

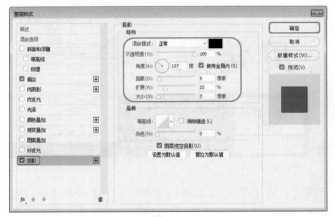

图9-17

Step 18 设置完成后的字体效果如图9-18所示。

图9-18

Step 19 通过【横排文字工具】输入文本，将【字体】设置为【黑体】，【字体大小】设置为13点，【字符间距】设置为-100，单击【仿粗体】、【全部大写字母】按钮，颜色值分别为设置蓝色#1c50a2、绿色#00a26b，如图9-19所示。

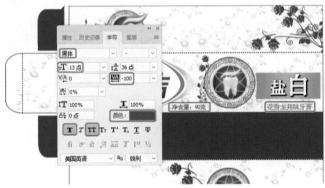

图9-19

Step 20 单击【创建新图层】按钮，新建【图层5】，使用【矩形选框工具】绘制一个矩形选区，在工具箱中单击【渐变工具】 ，单击工具选项栏中的【点按可编辑渐变】按钮 ，弹出【渐变编辑器】对话框，将0%位置处的颜色设置为#434d9c，50%位置处的颜色设置为# 5598d1，100%位置处的颜色设置为#424f9d，单击【确定】按钮，在工作区中拖动鼠标，对矩形选区进行填充，效果如图9-20所示。

图9-20

Step 21 按Ctrl+D组合键取消选区，选中【图层5】，按Ctrl+T组合键，在工作区中单击鼠标右键，在弹出的快捷菜单中选择【变形】命令，调整合适方向，效果如图9-21所示。

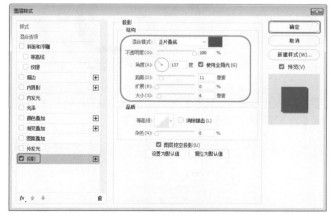

图9-21

Step 22 双击面板中的【图层5】，弹出【图层样式】对话框，勾选【投影】复选框，将【混合模式】设置为【正片叠底】，【不透明度】设置为100%，【角度】设置为137度，【距离】设置为11像素，【扩展】设置为0%，【大小】设置为6像素，颜色设置为#392884，单击【确定】按钮，效果如图9-22所示。

图9-22

Step 23 使用【横排文字工具】 **T.**，输入文本，在【字符】面板中将【字体】设置为【黑体】，【字体大小】设置为15点，【字符间距】设置为-20，【行距】设置

为36点，将【字体颜色】设置为白色，单击【仿粗体】**T**和【全部大写字母】按钮**TT**，效果如图9-23所示。

图9-23

Step 24 使用上面介绍的方法制作其他文本，将【字体大小】设置为11点，【字符间距】设置为-100，效果如图9-24所示。

图9-24

Step 25 使用【矩形工具】绘制矩形，将W和H分别设置为317、90像素，【填充】设置为无，【描边】设置为白色，【描边宽度】设置为1像素，使用【横排文字工具】输入文本，【字体大小】设置为6点，效果如图9-25所示。

图9-25

Step 26 选中【矩形1】图层，按Ctrl+J组合键复制图层，使用【横排文字工具】输入文本，将【字体大小】设置为4点，调整合适位置效果如图9-26所示。

图9-26

Step 27 使用上面介绍的方法制作矩形,将W和H分别设置为97、31像素,X和Y分别设置为1033、623像素,【填充】设置为#ef807c,【描边】设置为无,【描边宽度】设置为1像素,效果如图9-27所示。

图9-27

Step 28 使用【横排文字工具】输入文本,【字体大小】设置为6.5点,输入相应的文本,在菜单栏中选择【文件】|【置入嵌入对象】命令,弹出【置入嵌入的对象】对话框,选择"素材\Cha09\ 素材2.png"素材文件,单击【置入】按钮,调整位置及大小,如图9-28所示。

图9-28

Step 29 使用【椭圆工具】绘制椭圆,调整位置及大小,单击【横排文字工具】在椭圆上输入文本,【字体】设置为【黑体】,【字体大小】设置为9.46点,【字符间距】设置为-100,【行距】设置为40点,将【字体颜色】设置为#3a2985,单击【仿粗体】和【全部大写字

母】按钮,效果如图9-29所示。

图9-29

Step 30 使用上面介绍的方法制作其他文本,效果如图9-30所示。

图9-30

Step 31 使用【矩形工具】,在工具选项栏中将【工具模式】设置为【形状】,绘制矩形,在【属性】面板中将W、H均设置为18像素,将【填充】设置为无,将【描边】颜色设置为#073290,将【描边宽度】设置为2.5像素,如图9-31所示。

图9-31

Step 32 在工具箱中右击【矩形工具】,打开的列表中选择【自定形状工具】,如图9-32所示。

图9-32

Step 33 新建图层，在工具选项栏右侧选择形状，绘制对钩形状，将【填充】设置为红色，【描边】设置为无，如图9-33所示。

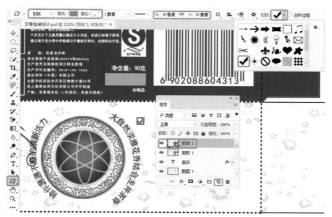

图9-33

Step 34 选择绘制的矩形和形状图形，按Ctrl+J组合键，对绘制的对象进行复制，使用【横排文字工具】输入文本，【字体】设置为【黑体】，【字体大小】设置为8点，【行距】设置为36点，【字符间距】设置为-40，将【字体颜色】设置为# 3a2985，单击【仿粗体】按钮 **T** 和【全部大写字母】按钮 **TT**，如图9-34所示。

图9-34

Step 35 对该面板中的其他素材进行复制，调整对应位置及大小，如图9-35所示。

图9-35

实例 135 粽子包装设计

- 素材：素材3.jpg、素材4.png～素材8.png
- 场景：粽子包装设计.psd

Step 01 按Ctrl+O组合键，弹出【打开】对话框，选择"素材\Cha09\素材3.jpg"素材文件，单击【打开】按钮，如图9-36所示。

Step 02 使用上面介绍的方法置入"素材4.png"文件，单击【置入】按钮，调整位置及大小，如图9-37所示。

图9-36　　　　　　　　　图9-37

Step 03 在菜单栏中选择【文件】|【置入嵌入对象】命令，弹出【置入嵌入的对象】对话框，选择"素材\Cha09\素材5.png"素材文件，单击【置入】按钮，将"素材4"拖曳到"素材5"上，效果如图9-38所示。

Step 04 在菜单栏中选择【文件】|【置入嵌入对象】命令，弹出【置入嵌入的对象】对话框，选择"素材\Cha09\素材6.png"素材文件，单击【置入】按钮，如图9-39所示。

图9-38　　　　　　　　　图9-39

Step 05 双击【素材6】图层，在弹出的对话框中勾选【渐变叠加】复选框，将【渐变】下的【混合模式】设置为【正常】，【不透明度】设置为100%，将【样式】设置为【线性】，将【角度】设置为135度，将【缩放】设置为150%，如图9-40所示。

Step 06 单击【渐变】右侧的渐变条，弹出【渐变编辑器】对话框，将【渐变类型】设置为【杂色】，【粗糙度】设置为50%，勾选【限制颜色】复选框，单击【随机化】选择适当颜色，单击两次【确定】按钮，如图9-41所示。

Step 07 在菜单栏中选择【文件】|【置入嵌入对象】命令，弹出【置入嵌入的对象】对话框，选择"素材\Cha09\素

材7.png"素材文件，单击【置入】按钮，调整位置及大小，如图9-42所示。

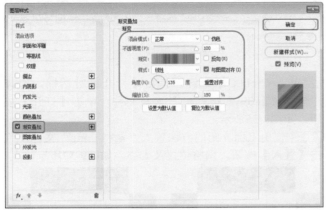

图9-40

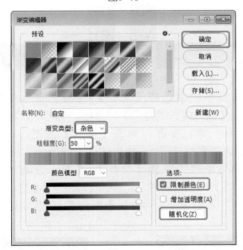

图9-41

图9-42

Step 08 在工具箱中单击【横排文字工具】 **T.**，输入文字，将【字体】设置为【方正行楷简体】，【字体大小】设置为6点，【字符间距】设置为252，将【颜色】设置为黑色，【垂直缩放】设置为70%，如图9-43所示。

Step 09 使用上述方法输入文本，将【字体】设置为【黑体】，【字体大小】设置为2.5点，【行距】设置为【（自动）】，【字符间距】设置为100，【颜色】设置为#464646，如图9-44所示。

图9-43

图9-44

Step 10 使用上面介绍的方法输入文本，将【字体】设置为【汉仪大黑简】，【字体大小】设置为6点，【字符间距】设置为200，【行距】设置为4点，将【垂直缩放】设置为100%，【颜色】设置为白色，如图9-45所示。按Ctrl+J组合键复制图层，按Ctrl+T组合键，右键鼠标，在弹出的快捷菜单中选择【旋转180度】命令，对文字进行翻转。

图9-45

Step 11 单击【直排文字工具】输入文字，将【字体】设置为【方正行楷简体】，【字体大小】设置为5点，【字符间距】设置为252，【缩放】设置为70%，【颜色】设置为黑色，如图9-46所示。

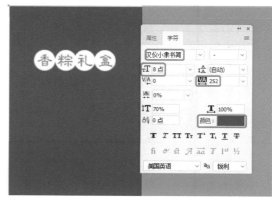

图9-46

Step 12 使用上面介绍的方法制作其他文本，如图9-47所示。

图9-47

Step 13 在工具箱中单击【椭圆工具】 ◯，在工作区中按住Shift键绘制一个正圆，选中绘制的正圆，在【属性】面板中将W、H都设置为28像素，【填充】设置为白色，【描边】设置为无，按Ctrl+J组合键复制3个图层，调整位置，如图9-48所示。

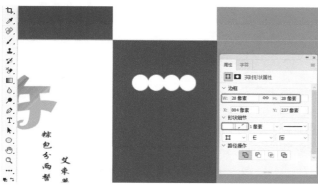

图9-48

Step 14 使用【横排文字工具】输入文本，将【字体】设置为【汉仪小隶书简】，【字体大小】设置为8点，【字符间距】设置为252，【颜色】设置为# 2f6c32，如图9-49所示。

Step 15 使用上面介绍的方法输入文本，将【字体】设置为【微软雅黑】，【字体大小】设置为2.22点，将【行距】设置为3.67点，【字符间距】设置为80，将【垂直

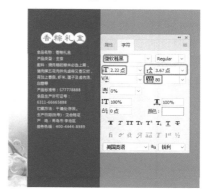

缩放】设置为100%，【颜色】设置为白色，如图9-50所示。

图9-49

图9-50

Step 16 使用同上方法选择"素材\Cha09\素材8.png"素材文件，单击【置入】按钮，调整位置及大小，如图9-51所示。

Step 17 至此粽子包装就制作完成了，完成后的效果如图9-52所示。

图9-51

图9-52

实例 136 茶叶包装设计

● 素材：素材9.png～素材11.png
● 场景：茶叶包装设计.psd

Step 01 按Ctrl+N组合键，在弹出的对话框中将【宽

度】、【高度】分别设置为2217、1281像素，将【分辨率】设置为300像素/英寸，按Ctrl+O组合键，弹出【打开】对话框，选择"素材\Cha09\素材9.png"素材文件，单击【打开】按钮，使用【移动工具】拖曳到新建文档，如图9-53所示。

图9-53

Step 02 在菜单栏中选择【文件】|【置入嵌入对象】命令，弹出【置入嵌入的对象】对话框，选择"素材\Cha09\素材10.png"素材文件，单击【置入】按钮，调整位置及大小，如图9-54所示。

图9-54

Step 03 使用上面介绍的方法置入"素材11.png"文件，单击【置入】按钮，如图9-55所示。

图9-55

Step 04 使用【直排文字工具】输入文本，将【字体】设置为【禹卫书法行书简体】，【字体大小】设置为60点，【字符间距】设置为0，【颜色】设置为白色，如图9-56所示。

Step 05 使用【矩形工具】绘制矩形，将W和H分别设置为83、611像素，将【填充】颜色设置为#dc0000，将【描边】设置为无，如图9-57所示。

Step 06 使用【直排文字工具】，输入文本，将【字体】设置为【汉仪大隶书简】，将【字体大小】设置为15点，将【颜色】设置为白色，如图9-58所示。

图9-56

图9-57

图9-58

Step 07 至此茶叶包装就制作完成了，完成后的效果如图9-59所示。

图9-59

实例 137 酸奶包装设计

● 素材：素材12.png、～素材15.png
● 场景：酸奶包装设计.psd

Step 01 按Ctrl+N组合键，在弹出的对话框中将【宽度】、【高度】分别设置为1399、1944像素，将【分辨率】设置为300像素/英寸，将【颜色模式】设置为【RGB颜色】，如图9-60所示。

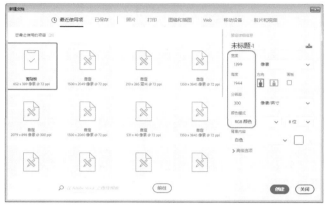

图9-60

Step 02 设置完成后，单击【创建】按钮，在工具箱中单击【矩形工具】□，在工作区中绘制一个矩形，选中绘制的矩形，在【属性】面板中将W、H分别设置为986、566像素，将X、Y分别设置为204、973像素，将【填充】设置为#5b97c8，将【描边】设置为无，如图9-61所示。

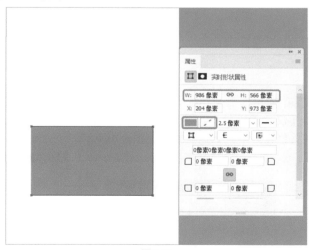

图9-61

Step 03 在菜单栏中选择【文件】|【置入嵌入对象】命令，弹出【置入嵌入的对象】对话框，选择"素材\Cha09\素材12.png"素材文件，单击【置入】按钮，调整素材位置，如图9-62所示。

图9-62

Step 04 在【图层】面板中选择"素材12"，右击鼠标，在弹出的快捷菜单中选择【创建剪贴蒙版】命令，即可创建剪贴蒙版，效果如图9-63所示。

图9-63

Step 05 在菜单栏中选择【文件】|【置入嵌入对象】命令，弹出【置入嵌入的对象】对话框，选择"素材\Cha09\素材13.png"素材文件，单击【置入】按钮，调整位置及大小，使用同样的方法创建剪贴蒙版，如图9-64所示。

图9-64

Step 06 在工具箱中单击【圆角矩形工具】□，在工作区中绘制一个圆角矩形，选中绘制的矩形，在【属性】面板中将W、H分别设置为248、69像素，将X、Y分别设置为232、1017像素，将【填充】颜色设置为#ff0020，将【描边】设置为无，将【角半径】分别设置为0、20.6、20.6、0像素，如图9-65所示。

Step 07 双击面板中的【圆角矩形1】图层，弹出【图层样式】对话框，勾选【渐变叠加】复选框，将【混合模式】设置为【正常】，【不透明度】设置为100%，【样式】设置为【线性】，【角度】设置为90度，【缩放】设置为100%，如图9-66所示。

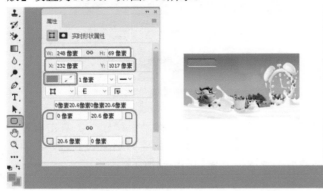

图9-65

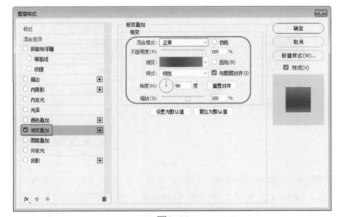

图9-66

Step 08 单击【渐变】右侧的渐变条，弹出【渐变编辑器】对话框，将0%位置处的颜色值设置为#c5001f，将35%位置处的颜色值设置为# a00016，将100%位置处的颜色值设置为# df0024，单击【确定】按钮，效果如图9-67所示。

图9-67

Step 09 设置完成后，单击【确定】按钮，使用【横排文字工具】输入文本，将【字体】设置为【Adobe 黑体Std】，将【字体大小】设置为7.74点，将【字符间距】设置为50，将【颜色】设置为白色，并调整其位置，【消除齿轮】设置为【浑厚】，如图9-68所示。

图9-68

Step 10 在工具箱中单击【横排文字工具】输入文本，将【字体】设置为【汉仪超粗圆简】，将【字体大小】设置为20点，【字符间距】设置为50，【颜色】设置为白色，并调整其位置，如图9-69所示。

图9-69

Step 11 使用上面介绍的方法输入文本，将【字体】设置为【汉仪魏碑简】，将【字体大小】设置为9点，并调整其位置，输入其他文本，如图9-70所示。

图9-70

Step 12 使用【矩形工具】绘制矩形，将W、H分别设置为993、406像素，将【填充】设置为#5ab130，将【描边】设置为无，调整至合适位置，如图9-71所示。

图9-71

Step 13 双击图层面板中的【矩形2】图层，弹出【图层样式】对话框，勾选【渐变叠加】【复选框】，将【混合模式】设置为【正常】，【不透明度】设置为100%，【样式】设置为【径向】，【角度】设置为90度，【缩放】设置为116%，单击【渐变】右侧的色块，将0%位置处的颜色设置为# 4e82c1，100%位置处的颜色设置为#4155a1，单击【确定】按钮，如图9-72所示。

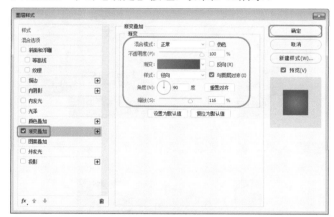

图9-72

Step 14 在工具箱中单击【钢笔工具】，在工具选项栏中将【工具模式】设置为【形状】，将【填充】设置为白色，将【描边】设置为无，绘制图形，如图9-73所示。

Step 15 在工具箱中单击【横排文字工具】输入文字，将【字体】设置为【经典特宋简】，【字体大小】设置为17.69点，【字符间距】设置为0，【颜色】设置为白色，【消除齿轮】设置为【平滑】，如图9-74所示。

Step 16 使用同上方法输入文本，将【字体】设置为【经典特宋简】，【字体大小】设置为22.18点，【字符间距】设置为200，【颜色】设置为白色，如图9-75所示。

图9-73

图9-74

图9-75

Step 17 使用上面介绍的方法输入文本，将【字体】设置为【Adobe 黑体 Std】，将【字体大小】设置为11.34点，将【字符间距】设置为0，并调整其位置，如图9-76所示。

Step 18 使用同上方法输入文本，将【字体】设置为【方正大黑简体】，将【字体大小】设置为7.31点，单击【仿粗体】按钮，输入其他文本，如图9-77所示。

Step 19 对包装正面内容进行复制并调整，效果如图9-78所示。

Step 20 使用上面介绍的方法复制其他侧面效果，并对复制的对象进行调整，效果如图9-79所示。

图9-76

图9-77

图9-78　　　　　　图9-79

Step 21 在菜单栏中选择【文件】|【置入嵌入对象】命令，弹出【置入嵌入的对象】对话框，选择"素材\Cha09\素材14.png"素材文件，单击【置入】按钮，效果如图9-80所示。

Step 22 使用上面介绍的方法置入素材，选择"素材\Cha09\素材15.png"素材文件，调整位置及大小，效果如图9-81所示。

图9-80

图9-81

Step 23 在工具箱中单击【圆角矩形工具】，将【填充】设置为无，【描边】设置为白色，【描边宽度】设置为1.5像素，【半径】设置为10像素，在工作区中绘制矩形，效果如图9-82所示。

图9-82

Step 24 根据前面介绍的方法输入其他文字内容，并对其进行相应的设置，效果如图9-83所示。

图9-83

Step 25 至此，酸奶包装就制作完成了，效果如图9-84所示。

图9-84

实例 138 白酒包装设计

- ⊙ 素材: 素材16.png、素材17.png
- ⊙ 场景: 白酒包装设计.psd

Step 01 按Ctrl+N组合键，弹出【新建文档】对话框，将【名称】设置为"白酒包装设计"，将【宽度】和【高度】分别设置为60、65厘米，将【分辨率】设置为600像素/英寸，将【颜色模式】设置为【RGB颜色/8位】，单击【背景内容】右侧的色块，在弹出的【拾色器（新建文档背景颜色）】对话框中设置颜色为#5c5b5c，单击【创建】按钮，如图9-85所示。

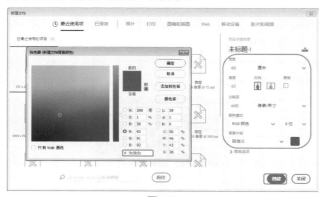

图9-85

◎提示·◎

在新建文档时，用户可以根据需要自行设置文档的名称。

Step 02 使用【矩形工具】绘制矩形，将W、H分别设置为2915、6725像素，【填充】设置为#a50000，将【描边】设置为无，绘制矩形，如图9-86所示。

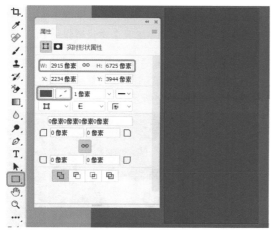

图9-86

Step 03 使用前面介绍的方法绘制其他矩形，将颜色分别设置为【浅红#ac1f24】、【黄色#fadba6】，如图9-87

所示。

Step 04 按Ctrl键选中所有的矩形图层，单击【创建新组】按钮 ▢ ，创建【包装制作】组，如图9-88所示。

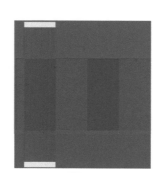

图9-87

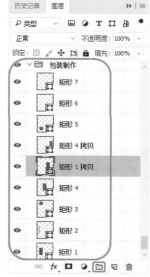

图9-88

Step 05 使用【直排文字工具】，输入文本，在【字符】面板中将【字体】设置为【方正行楷简体】，将【字体大小】设置为150点，将【颜色】设置为#e0cb75，将【消除锯齿】设置为【平滑】，如图9-89所示。

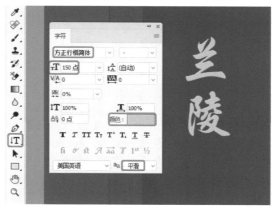

图9-89

Step 06 双击【兰陵】图层，弹出【图层样式】对话框，勾选【斜面和浮雕】复选框，在【结构】选项组下方将【样式】设置为【内斜面】，将【方法】设置为【平滑】，将【深度】设置为251%，将【方向】设置为【上】，将【大小】、【软化】分别设置为5、0像素，将【光泽等高线】设置为【锥形-反转】，将【高光模式】设置为【颜色减淡】，将【高光颜色】设置为#fcedc2，将【不透明度】设置为50%，将【阴影模式】设置为【正片叠底】，将【阴影颜色】设置为#bf9665，将【不透明度】设置为50%，如图9-90所示。

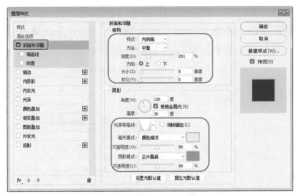

图9-90

Step 07 勾选【渐变叠加】复选框，将【混合模式】设置为【正常】，【不透明度】设置为100%，【样式】设置为【线性】，【角度】设置为90度，【缩放】设置为100%，单击【渐变】右侧的渐变条，在弹出的对话框中将0%位置处的颜色值设置为#fce9be，将71%位置处的颜色值设置为c5a068，将100%位置处的颜色值设置为#c59e67，单击【确定】按钮，如图9-91所示。

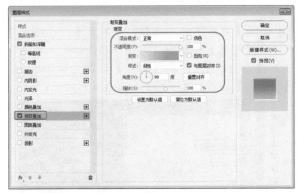

图9-91

Step 08 勾选【投影】复选框，将【混合模式】设置为【正常】，将色块的颜色值设置为# 4e0b0c，将【不透明度】设置为100%，将【角度】设置为120度，勾选【使用全局光】复选框，将【距离】、【扩展】、【大小】分别设置为1像素、0%、5像素，单击【确定】按钮，如图9-92所示。

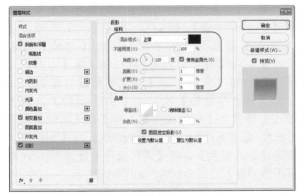

图9-92

Step 09 添加图层特效后的效果如图9-93所示。

图9-93

Step 10 在菜单栏中选择【文件】|【置入嵌入对象】命令，弹出【置入嵌入的对象】对话框，选择"素材\Cha09\素材16.png"素材文件，单击【置入】按钮，调整位置及大小，如图9-94所示。

图9-94

提示

这里为了节省时间，将一部分图形对象作为素材提供，用户感兴趣的话，可以通过前面介绍的方法，利用【钢笔工具】、【横排文字工具】尝试制作一下。

Step 11 单击【创建新图层】按钮，新建【装饰】图层，使用【钢笔工具】绘制图形，然后将图层转换为选区并填充颜色，如图9-95所示。

图9-95

Step 12 在【装饰】图层右侧双击，弹出【图层样式】对话框，勾选【斜面和浮雕】复选框，将【样式】设置为【描边浮雕】，【方法】设置为【雕刻清晰】，将【深度】设置为100%，将【方向】设置为【上】，将【大小】、【软化】分别设置为18像素、0像素，在【阴影】选项组下方，将【角度】设置为120度，将【高度】设置为30度，将【光泽等高线】设置为【线性】，将【高光模式】设置为【滤色】，将【色块】设置为白色，将【不透明度】设置为75%，将【阴影模式】设置为【正片叠底】，将【色块】设置为黑色，将【不透明度】设置为30%，如图9-96所示。

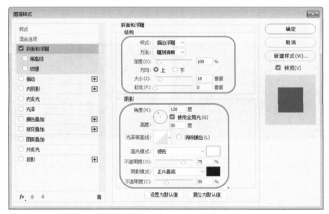

图9-96

Step 13 勾选【渐变叠加】复选框，将【混合模式】设置为【正常】，【不透明度】设置为100%，【样式】设置为【线性】，【角度】设置为90度，【缩放】设置为100%，如图9-97所示。

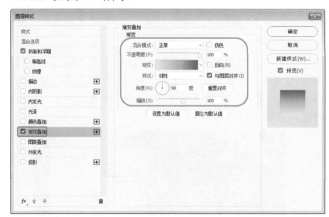

图9-97

Step 14 单击【渐变】右侧的渐变条，在弹出的对话框中，将0%位置处的颜色值设置为#f1e29f，将50%位置处的颜色值设置为#f08538，将100%位置处的颜色值设置为#a2502e，单击【确定】按钮，如图9-98所示。

Step 15 勾选【投影】复选框，将【混合模式】设置为【正片叠底】，【颜色】设置为黑色，【不透明度】设置为75%，【角度】设置为120度，【距离】、【扩

展】、【大小】分别设置为0像素、5%、9像素，单击【确定】按钮，如图9-99所示。

图9-98

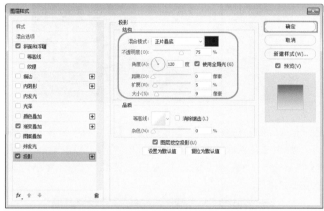

图9-99

Step 16 选择装饰的对象，按Alt键的同时拖动鼠标，复制对象，按Ctrl+T组合键，在图形上单击鼠标右键，在弹出的快捷菜单中选择【旋转180度】命令，如图9-100所示。

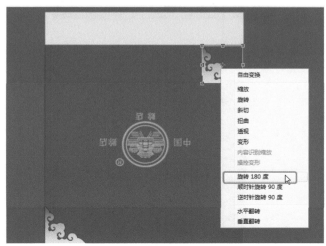

图9-100

Step 17 使用同样的方法对图形进行复制，然后调整位置，如图9-101所示。

图9-101

Step 18 使用【横排文字工具】，输入文本，将【字体】设置为【汉呈水墨中国风】，【字体大小】设置为70点，【行距】为11点，将【颜色】设置为# e0cb75，如图9-102所示。

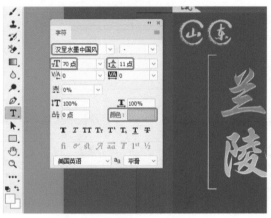

图9-102

Step 19 在菜单栏中选择【文件】|【置入嵌入对象】命令，弹出【置入嵌入的对象】对话框，选择"素材\Cha09\素材17.png"，单击【置入】按钮，调整位置及大小，如图9-103所示。

图9-103

Step 20 选中【兰陵】图层，按Ctrl+J组合键进行复制，调整位置，最终效果如图9-104所示。

图9-104

实例 139 月饼包装设计

- 素材：素材18.png～素材21.png
- 场景：月饼包装设计.psd

Step 01 按Ctrl+O组合键，弹出【打开】对话框，选择"素材\Cha09\素材18.png"素材文件，如图9-105所示。

Step 02 在菜单栏中选择【文件】|【置入嵌入对象】命令，弹出【置入嵌入的对象】对话框，选择"素材\Cha09\素材19.png"，单击【置入】按钮，调整位置及大小，如图9-106所示。

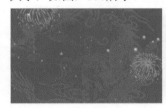

图9-105   图9-106

Step 03 使用同上方法置入"素材\Cha09\素材20.png"，调整位置及大小，如图9-107所示。

Step 04 使用同上方法置入"素材\Cha09\素材21.png"，调整位置及大小，如图9-108所示。

图9-107   图9-108

Step 05 使用【横排文字工具】，输入文本，将【字体】设置为【Adobe 黑体 Std】，将【字体大小】设置为19.63点，【字符间距】设置为100，将【颜色】设置为白色，如图9-109所示。

图9-109

Step 06 使用同上方法输入文本，将【字体】设置为Kaufmann BT Regular，将【字体大小】设置为34点，【行距】设置为35点，【字符间距】设置为-20，按

Ctrl+T组合键调整位置，如图9-110所示。

图9-110

Step 07 使用【直排文字工具】输入文本，将【字体】设置为【汉仪楷体简】，将【字体大小】设置为41点，【行距】设置为58点，【字符间距】设置为180，单击【仿粗体】按钮，如图9-111所示。

图9-111

Step 08 调整完成后的最终效果如图9-112所示。

图9-112

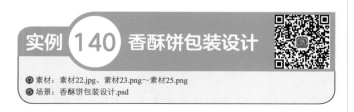

实例 **140** 香酥饼包装设计

◎ 素材：素材22.jpg、素材23.png～素材25.png
◎ 场景：香酥饼包装设计.psd

Step 01 按Ctrl+N组合键，在弹出的对话框中将【宽度】、

【高度】分别设置为1815、1555像素，将【分辨率】设置为300像素/英寸，将【颜色模式】设置为【RGB颜色】，将颜色设置为白色，如图9-113所示。

图9-113

Step 02 在菜单栏中选择【文件】|【置入嵌入对象】命令，弹出【置入嵌入的对象】对话框，选择"素材\Cha09\素材22.jpg"，单击【置入】按钮，如图9-114所示。

图9-114

Step 03 设置素材大小与位置，效果如图9-115所示。

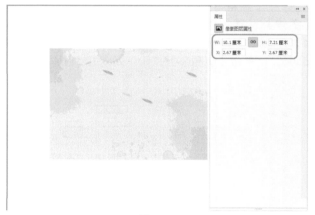

图9-115

Step 04 按Ctrl+R组合键打开标尺，继续选择添加的素材文件，在菜单栏中选择【视图】|【通过形状新建参考线】命令，如图9-116所示。

Step 05 按Ctrl+O组合键，在弹出的对话框中选择"素材\Cha09\素材23.png"素材文件，如图9-117所示。

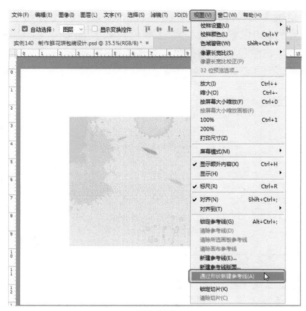

图9-116

图9-117

Step 06 在工具箱中单击【直排文字工具】输入文字，将【字体】设置为【经典繁印篆】，【字体大小】设置为20.6点，【字符间距】设置为200，【颜色】设置为#d50625，单击【仿粗体】按钮，如图9-118所示。

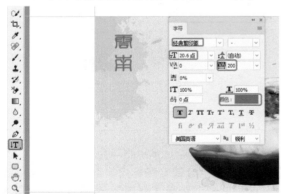

图9-118

Step 07 在工具箱中单击【直线工具】绘制直线，将W、H分别设置为5、187像素，将【填充】设置为#d02329，将【描边】设置为无，如图9-119所示。

Step 08 在工具箱中单击【横排文字工具】输入文字"云南"，将【字体】设置为【方正粗活意简体】，将【字

体大小】设置为50.17点，将【字符间距】设置为-55，将【颜色】设置为# d50625，如图9-120所示。

图9-119

图9-120

Step 09 在工具箱中单击【圆角矩形工具】，在工作区中绘制一个圆角矩形，选中绘制的圆角矩形，在【属性】面板中将W、H分别设置为170、169像素，将【填充】设置为无，将【描边】设置为#e01028，将【描边宽度】设置为2.5像素，将【角半径】都设置为34.5像素，如图9-121所示。

图9-121

Step 10 在【图层】面板中选择【圆角矩形 1】图层，按住鼠标将其拖曳至【创建新图层】按钮上，对其进行复

制，选中复制后的图层，在【属性】面板中将W、H分别设置为158、161像素，将【角半径】都设置为31.36像素，如图9-122所示。

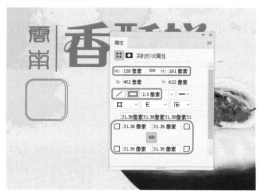

图9-122

⊙提示·⊙

按F7键可快速打开【图层】面板。

Step 11 在工具箱中单击【横排文字工具】输入文字"百年传承"，将【字体】设置为【经典繁印篆】，将【字体大小】设置为17.5点，将【行距】设置为17.54点，将【字符间距】设置为0，如图9-123所示。

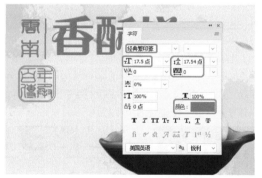

图9-123

Step 12 使用同上方法输入文字，将【字体】设置为【长城粗圆体】，【字体大小】设置为7.53点，【字符间距】设置为300，单击【仿粗体】按钮，制作其他文字，如图9-124所示。

图9-124

Step 13 使用【横排文字工具】输入文字，将【字体】设置为【方正黑体简体】，将【字体大小】设置为5.64点，将【行距】设置为13点，将【字符间距】设置为100，如图9-125所示。

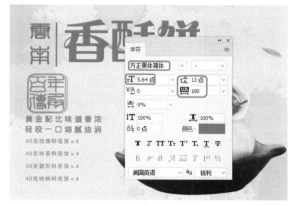

图9-125

Step 14 使用上面介绍的方法输入其他文字，将【字体大小】设置为10.66点，单击【仿粗体】按钮，效果如图9-126所示。

图9-126

Step 15 在工具箱中单击【矩形工具】，在工作区中绘制一个矩形，选中绘制的矩形，在【属性】面板中将W、H分别设置为315、852像素，将【填充】设置为d50625，将【描边】设置为无，并在工作区中调整矩形的位置，效果如图9-127所示。

图9-127

Step 16 使用【横排文字工具】输入文字，将【字体】设置为【创艺简老宋】，将【字体大小】设置为21点，将【字符间距】设置为0，将【颜色】设置为白色，单击【仿粗体】按钮，如图9-128所示。

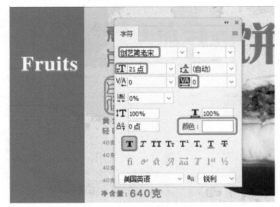

图9-128

Step 17 在【图层】面板中选择Fruits图层，右击鼠标，在弹出的快捷菜单中选择【栅格化文字】命令，如图9-129所示。

图9-129

Step 18 继续选择栅格化的图层，在工具箱中单击【矩形选框工具】，在工作区中绘制一个矩形选框，如图9-130所示。

图9-130

◎提示·◎

在编辑图层前，首先应在【图层】面板中单击所需图层，将其选择，所选图层称为【当前图层】。

Step 19 按Delete键将选框中的图像删除，按Ctrl+D组合键取消选区的选择，在工具箱中单击【钢笔工具】，在工具选项栏中将【工具模式】设置为【形状】，将【填充】设置为白色，将【描边】设置为无，绘制图形并调整其位置，效果如图9-131所示。

图9-131

Step 20 使用【横排文字工具】输入文字，将【字体】设置为【Adobe 黑体 Std】，将【字体大小】设置为4点，【行距】设置为4.4点，【字符间距】设置为5，单击【仿粗体】按钮，效果如图9-132所示。

图9-132

Step 21 在菜单栏中选择【文件】|【置入嵌入对象】命令，弹出【置入嵌入的对象】对话框，选择"素材\Cha09\素材24.png"，单击【置入】按钮，并调整其大小与位置，效果如图9-133所示。

Step 22 选中面板中的【矩形1】图层，按Ctrl+J组合键对其进行复制，并调整其位置，效果如图9-134所示。

Step 23 在工具箱中单击【横排文字工具】，输入文字，将【字体】设置为【微软雅黑】，【字体大小】设置为5点，将【行距】设置为9.5点，将【颜色】设置为白色，如图9-135所示。

图9-133　　　　　　　图9-134

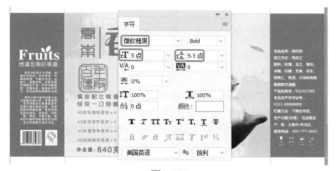

图9-135

Step 24 在菜单栏中选择【文件】|【置入嵌入对象】命令，弹出【置入嵌入的对象】对话框，选择"素材\Cha09\素材25.png"，单击【置入】按钮，并调整其大小与位置，效果如图9-136所示。

Step 25 使用【矩形工具】绘制矩形，将W和H分别设置为1191、354，【填充】设置为#d50625，【描边】设置为无，最终效果如图9-137所示。

图9-136　　　　　　　图9-137

实例 **141** 坚果礼盒包装设计

◉ 素材：素材26.png～素材28.png、
◉ 场景：坚果礼盒包装设计.psd

Step 01 启动软件，按Ctrl+N组合键，在弹出的对话框中将【宽度】、【高度】分别设置为1225、854像素，将【分辨率】设置为300像素/英寸，将【颜色模式】设置为【RGB颜色/8位】，【背景颜色】设置为白色，如图

9-138所示。

图9-138

Step 02 设置完成后，单击【创建】按钮，在工具箱中单击【矩形工具】□，在工作区中绘制一个矩形，选中绘制的矩形，在【属性】面板中将W、H分别设置为929、557像素，将X、Y分别设置为148、149像素，【填充】设置为#c11e34，将【描边】设置为无，如图9-139所示。

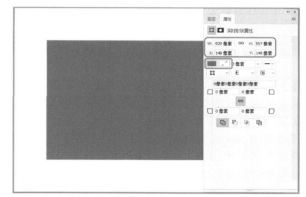

图9-139

Step 03 选择绘制的矩形，在菜单栏中选择【视图】|【通过形状新建参考线】命令，如图9-140所示。

图9-140

Step 04 在菜单栏中选择【文件】|【置入嵌入对象】命令，弹出【置入嵌入的对象】对话框，选择"素材\Cha09\素材26.png"，单击【置入】按钮，如图9-141所示。

图9-141

Step 05 在工具箱中单击【直排文字工具】，输入文字，将【字体】设置为【汉仪雁翎体简】，将【字体大小】设置为40.18点，【字符间距】设置为100，【颜色】设置为白色，如图9-142所示。

图9-142

Step 06 在【图层】面板中选择【坚果】文字图层，单击【添加图层样式】按钮 *fx*，在弹出的对话框中勾选【描边】复选框，将【大小】设置为2像素，【位置】设置为【外部】，将【混合模式】设置为【正常】，将【不透明度】设置为100%，【颜色】设置为#b41c2e，调整合适位置，如图9-143所示。

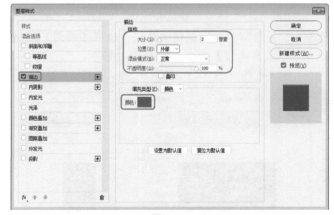

图9-143

Step 07 勾选【投影】复选框，将【混合模式】设置为【正片叠底】，将【颜色】设置为黑色，将【不透明度】设置为63%，将【角度】设置为90度，勾选【使用全局光】复选框，将【距离】、【扩展】、【大小】分别设置为7像素、0%、9像素，单击【确定】按钮，如图9-144所示。

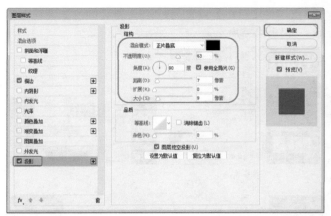

图9-144

Step 08 在图层面板中选择【坚果】图层，按住鼠标将其拖曳至【创建新图层】按钮上，对其进行复制，在复制的图层上右击鼠标，在弹出的快捷菜单中选择【清除图层样式】命令，如图9-145所示。

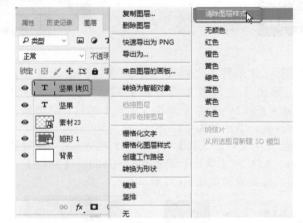

图9-145

Step 09 在【图层】面板中选择【坚果 拷贝】图层，将【颜色】设置为#8f2028，调整文字的位置，效果如图9-146所示。

图9-146

Step 10 使用上面介绍的方法对【坚果 拷贝2】图层进行复制，选择复制后的图层，在【属性】面板中将【颜色】设置为#ecc791，如图9-147所示。

图9-147

Step 11 在【图层】面板中选择【坚果】、【坚果 拷贝】、【坚果 拷贝2】三个图层，右击，在弹出的快捷菜单中选择【链接图层】命令，如图9-148所示。

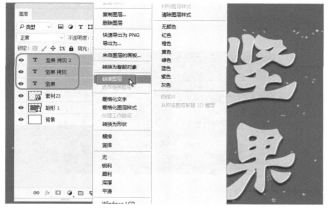

图9-148

Step 12 使用同样的方法输入其他文字，制作后的效果如图9-149所示。

图9-149

⊙提示·•

　　链接的图层可以同时应用变换或创建为剪贴蒙版，但却不能同时应用滤镜，也不能调整混合模式、进行填充或绘画，因为这些操作只能作用于当前选择的一个图层。

Step 13 在工具箱中单击【直排文字工具】输入文字，将【字体】设置为【创艺简老宋】，【字体大小】设置为5.29点，【字符间距】设置为600，【颜色】设置为f1c990，效果如图9-150所示。

图9-150

Step 14 在工具箱中单击【横排文字工具】输入文字，将【字体】设置为【Adobe 黑体 Std】，【字符间距】设置为160，【颜色】设置为#f1c990，【字体大小】设置为6.23点，如图9-151所示。

图9-151

Step 15 使用同样的方法输入文字，将【字体】设置为【创艺简老宋】，将【字体大小】设置为10.11点，将【字符间距】设置为25，【颜色】设置为#f6d9ac，如图9-152所示。

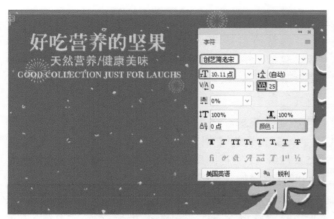

图9-152

Step 16 在菜单栏中选择【文件】|【置入嵌入对象】命令，弹出【置入嵌入的对象】对话框，选择"素材Cha09\素材27.png"，单击【置入】按钮，调整位置及大小，如图9-153所示。

图9-153

Step 17 单击【矩形工具】绘制矩形，将W、H分别设置为245、909像素，将【填充】设置为#edc23a，将【描边】设置为无，效果如图9-154所示。

图9-154

Step 18 在工具箱中单击【横排文字工具】，输入文字，将【字体】设置为【Adobe 黑体 Std】，将【字体大小】设置为1.8点，【行距】设置为3.53点，【字符间

距】设置为75，【颜色】设置为#3c0e14，单击【仿粗体】按钮，如图9-155所示。

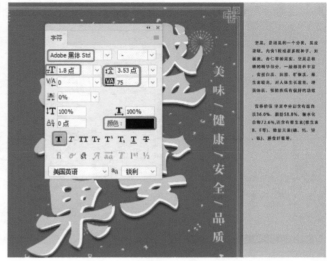

图9-155

Step 19 在菜单栏中选择【文件】|【置入嵌入对象】命令，弹出【置入嵌入的对象】对话框，选择"素材Cha09\素材28.png"，单击【置入】按钮，调整位置及大小，效果如图9-156所示。

图9-156

Step 20 在工具箱中单击【移动工具】，在工作区中选择黄色矩形，按住Alt键向左拖动鼠标，对其进行复制，如图9-157所示。

图9-157

Step 21 单击【横排文字工具】输入文字，将【字体】设置为【方正剪纸简体】，【字体大小】设置为6.42点，【字符间距】设置为130，【颜色】设置为#3c0e14，如图9-158所示。

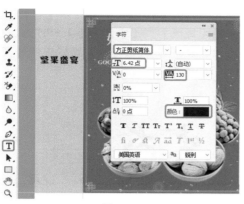

图9-158

Step 22 使用同样的方法输入文字，将【字体大小】设置为3.67点，【行距】设置为7.34点，【字符间距】设置为130，效果如图9-159所示。

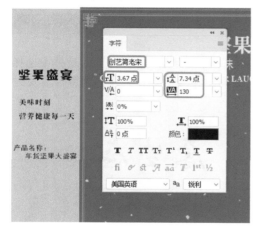

图9-159

Step 23 在工具箱中单击【圆角矩形工具】□，在工作区中绘制一个圆角矩形，X、Y分别设置为206、147像素，在【属性】面板中将【填充】设置为无，将【描边】设置为#3c0e14，将【描边宽度】设置为0.9像素，将【描边类型】设置为【虚线】，将【角半径】都设置为9.17像素，并在工作区中调整圆角矩形的大小与位置，如图9-160所示。

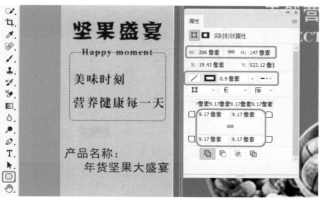

图9-160

Step 24 在【图层】面板中选择【圆角矩形】图层，右击鼠标，在弹出的快捷菜单中选择【栅格化图层】命令，如图9-161所示。

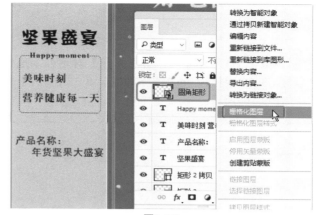

图9-161

Step 25 继续选择【圆角矩形】图层，在工具箱中单击【矩形选框工具】□，在工作区中绘制一个矩形选框，按Delete键将选框中的图层删除，按Ctrl+D组合键，取消选区，如图9-162所示。

图9-162

Step 26 使用前面介绍的方法创建其他矩形，单击【横排文字工具】输入文字，将【字体】设置为【方正剪纸简体】，【字体大小】设置为11点，【字符间距】设置为100，效果如图9-163所示。

图9-163

实例 **142** 大米包装设计

○ 素材：素材29.png～素材32.png
○ 场景：大米包装设计.psd

Step 01 按Ctrl+O组合键，弹出【打开】对话框，选择"素材\Cha09\素材29.png"素材文件，单击【打开】按钮，如图9-164所示。

图9-164

Step 02 在菜单栏中选择【文件】|【置入嵌入对象】命令，弹出【置入嵌入的对象】对话框，选择"素材\Cha09\素材30.png"素材文件，单击【置入】按钮，调整位置及大小，如图9-165所示。

图9-165

Step 03 使用【横排文字工具】输入文本，将【字体】设置为【方正行楷简体】，【字体大小】设置为56点，【字符间距】设置为-60，【颜色】设置为黑色，并在工作区中调整文字的位置，如图9-166所示。

图9-166

Step 04 使用同样的方法输入文本，将【字体】设置为【汉呈水墨中国风】，【字体大小】设置为24.23点，【字符间距】设置为-60，并在工作区中调整文字的位置，如图9-167所示。

图9-167

Step 05 按Ctrl+O组合键，在弹出的对话框中选择"素材\Cha09\素材31.png"素材文件，调整位置及大小，如图9-168所示。

图9-168

Step 06 使用【直排文字工具】，输入文本，【字体】设置为【Adobe 仿宋 Std】，【字体大小】设置为14.54点，【字符间距】设置为-60，【行距】设置为6.21点，如图9-169所示。

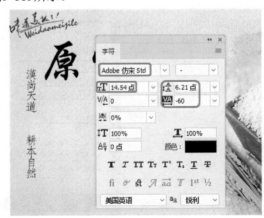

图9-169

Photoshop图像处理+网店美工+特效制作 完全实训手册

Step 07 使用【横排文字工具】输入文本，将【字体】设置为【Adobe 黑体 Std】，【字体大小】设置为5.41点，【行距】设置为5.98点，【字符间距】设置为0，使用同上方法输入其他文本，如图9-170所示。

Step 08 使用同上方法输入文本，将【字体】设置为【Adobe 仿宋 Std】，【字体大小】设置为15点，如图9-171所示。

图9-170

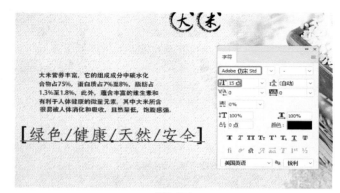

图9-171

Step 09 按Ctrl+O组合键，在弹出的对话框中选择"素材\Cha09\素材32.png"素材文件，使用【移动工具】拖曳到新建文档中，如图9-172所示。

Step 10 至此，大米包装就制作完成了，最终效果如图9-173所示。

图9-172

图9-173

第 **10** 章 VI设计

本章导读

　　VI设计可以对生产系统和管理系统以及营销、包装、广告与促销形象做一个标准化设计和统一管理，从而调动企业的积极性和员工的归属感和身份认同，使各职能部门能够有效地合作。对外，通过符号形式的整合，形成独特的企业形象，以方便识别，认同企业形象，推广企业的产品或进行服务的推广。

实例 **143** 制作LOGO

◎ 场景：制作LOGO.psd

Step 01 启动软件，按Ctrl+N组合键，在弹出的对话框中将【宽度】、【高度】分别设置为831、531像素，将【分辨率】设置为72像素/英寸，将【颜色模式】设置为【RGB颜色】，如图10-1所示。

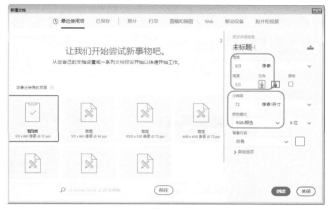

图10-1

Step 02 设置完成后，单击【创建】按钮，在工具箱中单击【圆角矩形工具】 □，在工作区中绘制一个圆角矩形，在【属性】面板中将W、H分别设置为353、348像素，将X、Y分别设置为240、40像素，将【填充】设置为#cd0000，将【描边】设置为无，像素将所有的【角半径】都设置为12像素，如图10-2所示。

图10-2

Step 03 在【图层】面板中按住Ctrl键单击【圆角矩形 1】图层的缩略图，将其载入选区，单击【添加图层蒙版】按钮，如图10-3所示。

◎提示·◦

　　在对【圆角矩形】进行涂抹时，可以借助【矩形选框工具】进行修饰，使用【矩形选框工具】在蒙版中创建选区，然后填充【前景色】即可。

图10-3

Step 04 将【前景色】设置为#000000，将【背景色】设置为#ffffff，在工具箱中单击【画笔工具】 ✎ ，选择一种画笔类型，在工作区中进行涂抹，效果如图10-4所示。

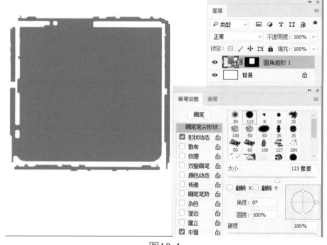

图10-4

Step 05 在工具箱中单击【直排文字工具】 ↓T ，在工作区中单击鼠标，输入文字，选中输入的文字，在【字符】面板中将【字体】设置为【经典繁方篆】，将【字体大小】设置为139点，将【字符间距】设置为0，将【颜色】设置为#ffffff，并在工作区中调整其位置，效果如图10-5所示。

Step 06 在【图层】面板中双击【匠品】文字图层，在弹出的对话框中勾选【描边】复选框，将【大小】设置为2像素，将【位置】设置为【外部】，将【颜色】设置为#ffffff，如图10-6所示。

Step 07 设置完成后，单击【确定】按钮，在【图层】面板中选择【匠品】文字图层，按住鼠标将其拖曳至【创建新图层】按钮上，将其进行复制，并对其进行修改，调整其位置，效果如图10-7所示。

图10-5

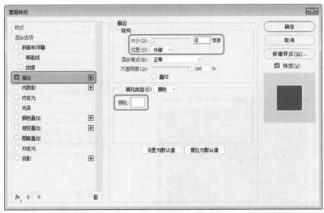

图10-6

图10-7

Step 08 在工具箱中单击【矩形工具】，在工作区中绘制一个矩形，在【属性】面板中将W、H分别设置为737、91像素，将X、Y分别设置为48、408像素，将【填充】设置为#cd0000，将【描边】设置为无，如图10-8所示。

图10-8

Step 09 在工具箱中单击【横排文字工具】 **T.**，在工作区中单击鼠标，输入文字，选中输入的文字，在【字符】面板中将【字体】设置为【经典隶书简】，将【字体大小】设置为95点，将【字符间距】设置为-50，将【垂直缩放】、【水平缩放】均设置为80，将【颜色】设置为#ffffff，如图10-9所示。

图10-9

Step 10 至此，LOGO就制作完成了，对完成后的文档进行保存即可。

实例 144 制作名片

⬤ 素材：素材1.psd、素材2.png、LOGO.psd
⬤ 场景：制作名片.psd

Step 01 按Ctrl+N组合键，在弹出的对话框中将【宽度】、【高度】分别设置为1134、661像素，将【分辨率】设置为300像素/英寸，将【颜色模式】设置为【RGB颜色】，将【背景内容】设置为【白色】，单击【创建】按钮，在【图层】面板中单击【创建新组】按钮 ⬜，将组重新命名为"名片正面"，在工具箱中单击【矩形工具】，在工作区中绘制一个矩形，在【属性】面板中单击【填充】颜色色块，在弹出的列表中单击【渐变】按钮 ▦，将【渐变样式】设置为【线性】，将角度设置为0，如图10-10所示。

Step 02 单击渐变条，在弹出的对话框中将左侧色标的颜色值设置为# b4030f，将右侧色标的颜色值设置为# de2330，如图10-11所示。

Photoshop图像处理+网店美工+特效制作 完全实训手册

图10-10

图10-11

Step 03 设置完成后，单击【确定】按钮，在【属性】面板中将W、H分别设置为1134、661像素，将【描边】设置为无，并调整其位置，效果如图10-12所示。

图10-12

Step 04 按Ctrl+O组合键，在弹出的对话框中选择"素材\Cha10\素材1.psd"素材文件，单击【打开】按钮，使用【移动工具】将素材文件中的对象拖曳至前面所创建的文档中，并在工作区中调整其位置，效果如图10-13所示。

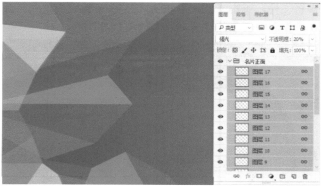

图10-13

Step 05 在工具箱中单击【横排文字工具】，在工作区中单击鼠标，输入文字，选中输入的文字，在【字符】面板中将【字体】设置为【Adobe 黑体 Std】，将【字体大小】设置为15点，将【字符间距】设置为0，将【垂直缩放】、【水平缩放】均设置为100%，将【颜色】设置为白色，如图10-14所示。

图10-14

Step 06 再次使用【横排文字工具】，在工作区中单击鼠标，输入文字，选中输入的文字，在【字符】面板中将【字体大小】设置为8.5点，效果如图10-15所示。

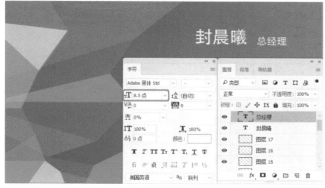

图10-15

Step 07 使用同样的方法在工作区中输入其他文字，并进行相应的设置，效果如图10-16所示。

Step 08 在菜单栏中选择【文件】|【置入嵌入对象】命令，在弹出的对话框中选择"素材\Cha10\素材2.png"

素材文件，单击【置入】按钮，按Enter键完成置入，并在工作区中调整其位置，效果如图10-17所示。

图10-16

图10-17

Step 09 在【图层】面板中选择【名片正面】图层组，单击【创建新组】按钮 ▢ ，将组重新命名为"名片反面"，在工具箱中单击【矩形工具】，在工作区中绘制一个矩形，在【属性】面板中将W、H分别设置为1134、661像素，将【填充】的颜色值设置为# 3e3e3e，将【描边】设置为无，效果如10-18所示。

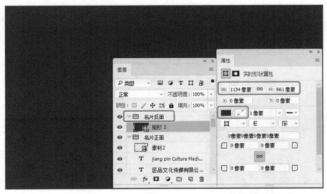

图10-18

Step 10 打开LOGO.psd素材文件，在【图层】面板中选择【匠品】、【文化】、【圆角矩形 1】图层，按住鼠标将其拖曳至名片文档中，如图10-19所示。

Step 11 在【图层】面板中选择【匠品】、【文化】两个图层，按Ctrl+E组合键将选中的图层进行合并，按住

Ctrl键单击【文化】图层的缩略图，将其载入选区，将【文化】图层隐藏，选择【圆角矩形 1】图层的图层蒙版，将前景色设置为黑色，按Alt+Delete组合键填充图层蒙版，效果如图10-20所示。

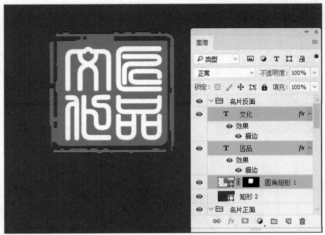

图10-19

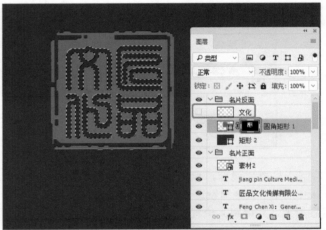

图10-20

Step 12 按Ctrl+D组合键取消选区，选中【圆角矩形 1】图层，在【属性】面板中将【填充】的颜色值设置为# e9e8e7，并在工作区中调整其大小与位置，效果如图10-21所示。

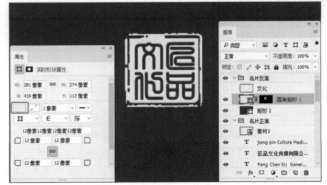

图10-21

Step 13 在工具箱中单击【钢笔工具】，在工具选项栏中将【工具模式】设置为【形状】，将【填充】的颜色值设置为#a11f28，将【描边】设置为无，在工作区中绘制如图10-22所示的图形。

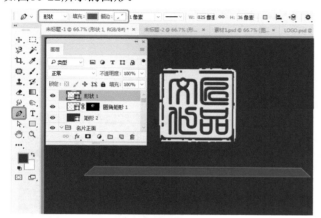

图10-22

Step 14 在工具箱中单击【矩形工具】，在工作区中绘制一个矩形，在【属性】面板中将W、H分别设置为1134、146像素，将【填充】的颜色值设置为#e8e8e8，将【描边】设置为无，效果如图10-23所示。

图10-23

Step 15 在工具箱中单击【钢笔工具】 ，在工具选项栏中将【填充】的颜色值设置为#de2230，在工作区中绘制如图10-24所示的图形。

Step 16 在工具箱中单击【椭圆选框工具】 ，在工作区中按住Shift键绘制一个正圆，在【图层】面板中选择【形状 2】图层，按住Alt键单击【添加图层蒙版】按钮，效果如图10-25所示。

Step 17 使用同样的方法再在工作区中制作如图10-26所示的图形。

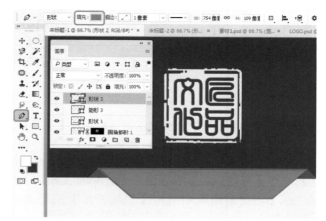

图10-24

图10-25

图10-26

Step 18 根据前面介绍的方法在工作区中输入相应的文字，并进行设置，效果如图10-27所示

图10-27

实例 145 制作工作证

◉ 素材：素材3.png、素材4.psd
◉ 场景：制作工作证.psd、制作工作证-带背景.psd

Step 01 按Ctrl+N组合键，在弹出的对话框中将【宽度】、【高度】分别设置为685、1057像素，将【分辨率】设置为300像素/英寸，将【颜色模式】设置为【RGB颜色】，将【背景内容】设置为白色，单击【创建】按钮，在【图层】面板中单击【创建新组】按钮 ▢，将组重新命名为"工作证正面"，如图10-28所示。

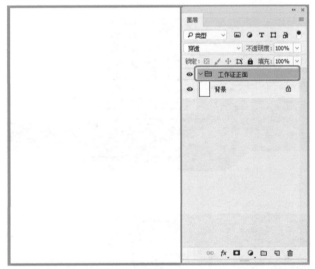

图10-28

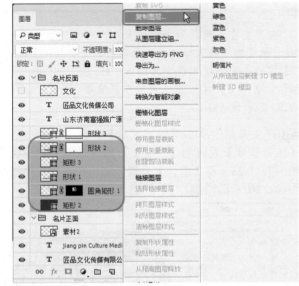

图10-29

Step 02 按Ctrl+O组合键，在弹出的对话框中选择"场景\Cha10\实例144 制作名片.psd"素材文件，单击【打开】按钮，在【图层】面板中选择【矩形 2】、【圆角矩形 1】、【形状 1】、【矩形3】、【形状 2】图层，右击鼠标，在弹出的快捷菜单中选择【复制图层】命令，如图10-29所示。

Step 03 在弹出的【复制图层】对话框中将【文档】设置为步骤1中所创建的文档，单击【确定】按钮，返回至前面所创建的文档中，在【图层】面板中按住鼠标将复制的图层拖曳至【工作证正面】组中，并在工作区中对复制的对象进行调整，效果如图10-30所示。

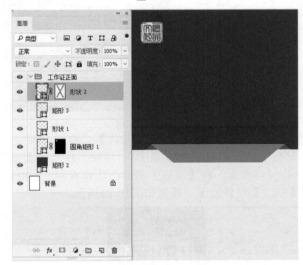

图10-30

Step 04 在工具箱中单击【圆角矩形工具】 ▢，在工作区中绘制一个圆角矩形，在【属性】面板中将W、H分别设置为238、294像素，将【填色】设置为无，将【描边】设置为白色，将【描边宽度】设置为4像素，单击右侧的描边类型，在弹出的下拉列表中勾选【虚线】复选框，将【虚线】、【间隙】分别设置为4、2，将所有的【角半径】都设置为20，在【图层】面板中将该图层的【不透明度】设置为80%，如图10-31所示。

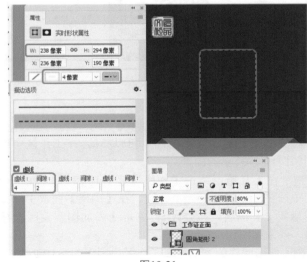

图10-31

Step 05 在菜单栏中选择【文件】|【置入嵌入对象】命令，在弹出的对话框中选择"素材\Cha10\素材3.png"素材文件，单击【置入】按钮，按Enter键完成置入，并在工作区中调整其位置，在【图层】面板中将【素材3】图层的【不透明度】设置为30%，效果如图10-32所示。

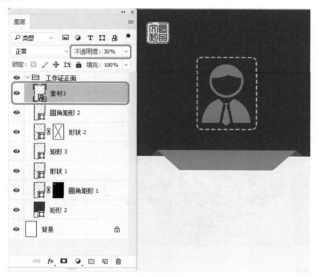

图10-32

Step 06 在工具箱中单击【横排文字工具】，在工作区中单击鼠标，输入文字，选中输入的文字，在【字符】面板中将【字体】设置为【经典隶书简】，将【字体大小】设置为8点，将【字符间距】设置为100，将【颜色】设置为白色，效果如图10-33所示。

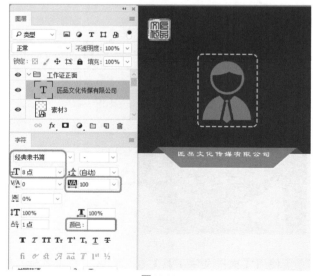

图10-33

Step 07 再次使用【横排文字工具】在工作区中单击鼠标，输入文字，选中输入的文字，在【字符】面板中将【字体】设置为【Adobe 黑体 Std】，将【字体大小】设置为5点，将【字符间距】设置为170，将【垂直缩

放】、【水平缩放】均设置为80%，将【颜色】设置为白色，单击【全部大写字母】按钮 **TT**，效果如图10-34所示。

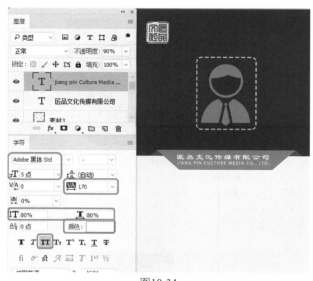

图10-34

Step 08 使用同样的方法在工作区中输入其他文字，并进行相应的设置，效果如图10-35所示。

图10-35

Step 09 在工具箱中单击【直线工具】，在工具选项栏中将【填充】设置为#040000，将【描边】设置为无，将【粗细】设置为1像素，在工作区中按住Shift键绘制一条水平直线，效果如图10-36所示。

Step 10 在【图层】面板中选择【形状 2】图层，对其进行复制，并调整其位置，效果如图10-37所示。

Step 11 在【图层】面板中选择【工作证正面】组，在【图层】面板中单击【创建新组】按钮 □，将组重新命名为"工作证反面"，在"实例144 制作名片"场景文件中将【名片反面】组隐藏，在【名片正面】组中选择【矩形 1】、【图层 1】~【图层 17】图层，按住鼠标将选中的对象拖曳至前面所创建的文档中，按Ctrl+T组合键变换选择，右击鼠标，在弹出的快捷菜单中选择【逆时针旋转90度】命令，如图10-38所示。

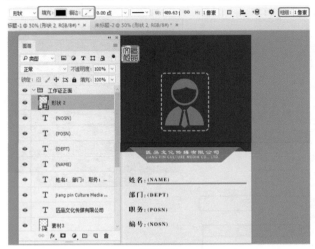

图10-36

图10-37

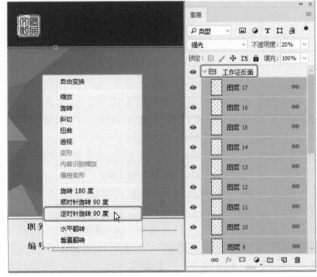

图10-38

Step 12 按Enter键完成旋转，在工作区中调整对象的位置与大小，在【图层】面板中双击【矩形 1】图层的缩略图，在弹出的对话框中将【角度】设置为90度，如图10-39所示。

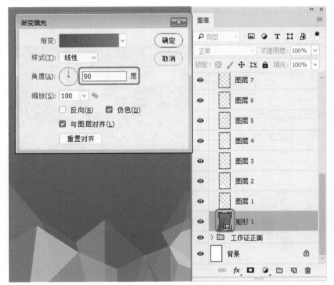

图10-39

Step 13 设置完成后，单击【确定】按钮，在【图层】面板中选择【工作证反面】组中的第一个图层，根据前面介绍的方法将"实例144 制作名片"场景文件LOGO对象添加至当前文档中，并在【属性】面板中将【颜色】设置为白色，效果如图10-40所示。

图10-40

Step 14 使用【横排文字工具】在工作区中单击鼠标，输入文字，选中输入的文字，在【字符】面板中将【字体】设置为【方正大标宋简体】，将【字体大小】设置为34点，将【字符间距】设置为0，将【垂直缩放】、【水平缩放】均设置为100%，将【颜色】设置为白色，效果如图10-41所示。

Photoshop图像处理+网店美工+特效制作 完全实训手册

图10-41

Step 15 根据前面介绍的方法在工作区中制作其他内容，效果如图10-42所示。

图10-42

Step 16 在【图层】面板中选择【工作证反面】组，按Ctrl+Shift+Alt+E组合键盖印图层，将盖印的图层重新命名为"工作证反面"，如图10-43所示。

Step 17 在【图层】面板中将【工作证反面】组与【工作证反面】图层隐藏，选择【工作证正面】组，按Ctrl+Shift+Alt+E组合键盖印图层，将盖印的图层重新命名为"工作证正面"，如图10-44所示。

Step 18 打开"素材4.psd"素材文件，切换至前面所制作的场景中，选择【工作证正面】图层，按住鼠标将其拖曳至"素材 4.psd"素材文件中，并调整其大小与位置，并在【图层】面板中将其调整至【圆角矩形 1拷贝】图层的下方，在【工作证正面】图层上右击鼠标，在弹出的快捷菜单中选择【创建剪贴蒙版】命令，如图10-45所示。

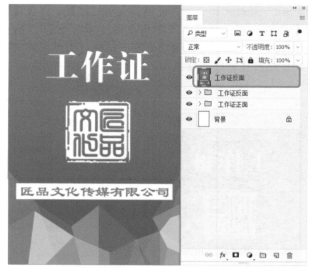

图10-43

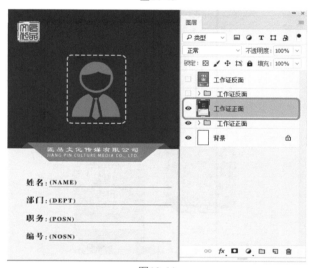

图10-44

图10-45

Step 19 返回至前面所创建的文档中，在【图层】面板中将【工作证反面】取消隐藏，按住鼠标将其拖曳至"素材4.psd"素材文件中，并调整其大小与位置，并在【图层】面板中将其调整至【圆角矩形 1 拷贝】图层的上方，在【工作证反面】图层上右击鼠标，在弹出的快捷菜单中选择【创建剪贴蒙版】命令，如图10-46所示。

图10-46

Step 20 执行该操作后，即可完成工作证的制作，效果如图10-47所示。

图10-47

实例 **146** 制作纸袋

● 素材：素材5.jpg、素材6.png、素材7.jpg、LOGO.psd
● 场景：制作纸袋.psd

Step 01 按Ctrl+O组合键，在弹出的对话框中选择"素材\Cha10\素材5.jpg"素材文件，单击【打开】按钮，如图10-48所示。

Step 02 在菜单栏中选择【文件】|【置入嵌入对象】命令，在弹出的对话框中选择"素材\Cha10\素材6.png"

图10-48

素材文件，单击【置入】按钮，按Enter键完成置入，并在工作区中调整其位置，效果如图10-49所示。

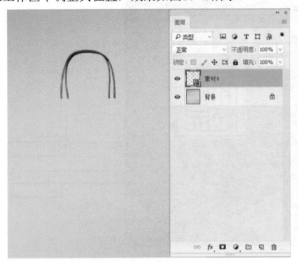

图10-49

Step 03 在【图层】面板中双击【素材6】图层，在弹出的对话框中勾选【投影】复选框，将【混合模式】设置为【正片叠底】，将【阴影颜色】设置为# 0b0306，将【不透明度】设置为41%，取消勾选【使用全局光】复选框，将【角度】设置为176度，将【距离】、【扩展】、【大小】分别设置为13像素、0%、7像素，如图10-50所示。

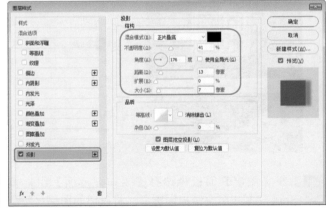

图10-50

Step 04 设置完成后，单击【确定】按钮，在工具箱中单击【圆角矩形工具】，在工作区中绘制一个圆角矩形，在【属性】面板中将W、H分别设置为303、364像素，将【填充】设置为# f9f9f9，将【描边】设置为无，将所有的【角半径】均设置为5像素，如图10-51所示。

Step 05 在【图层】面板中双击【圆角矩形 1】图层，在弹出的对话框中勾选【投影】复选框，将【角度】设置为120度，将【距离】、【扩展】、【大小】分别设置为13像素、0%、34像素，如图10-52所示。

Step 06 设置完成后，单击【确定】按钮，将"素材7.jpg"素材文件置入文档中，在【图层】面板中将

【素材7】的【混合模式】设置为【明度】，将【不透明度】设置为50%，按住Alt键在【素材7】与【圆角矩形 1】图层中间单击鼠标，创建剪贴蒙版，如图10-53所示。

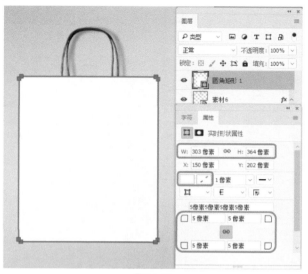

图10-51

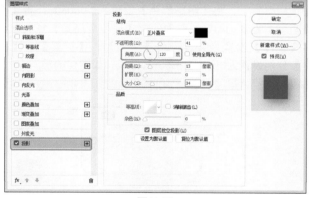

图10-52

图10-53

Step 07 在工具箱中单击【圆角矩形工具】，在工作区中绘制一个圆角矩形，在【属性】面板中将W、H分别设置为303、97像素，将【填充】设置为# 3f3e3f，将【描边】设置为无，将角半径取消链接，将【左上角半径】、【右上角半径】、【左下角半径】、【右下角半径】分别设置为0像素、0像素、5像素、5像素，如图10-54所示。

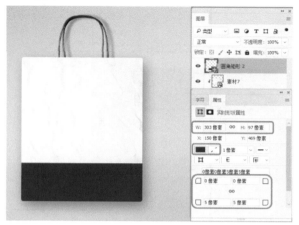

图10-54

Step 08 在【图层】面板中双击【圆角矩形 2】图层，在弹出的对话框中勾选【投影】复选框，将【角度】设置为-90度，将【距离】、【扩展】、【大小】分别设置为2像素、0%、3像素，如图10-55所示。

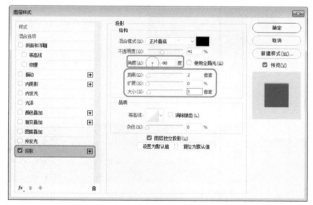

图10-55

Step 09 设置完成后，单击【确定】按钮，在【图层】面板中选择【素材7】图层，按Ctrl+J组合键进行拷贝，将【素材7 拷贝】图层调整至【圆角矩形 2】图层的上方，将【素材7 拷贝】图层的【混合模式】设置为【线性加深】，将【不透明度】设置为30%，并在工作区中调整其位置，按住Alt键在【素材7 拷贝】图层与【圆角矩形 2】图层中间单击鼠标，创建剪贴蒙版，效果如图10-56所示。

Step 10 打开LOGO.psd素材文件，在【图层】面板中选择【圆角矩形 1】、【匠品】、【文化】图层，按住鼠标将其拖曳至"素材5"文档中，按Ctrl+E组合键将添加的图层进行合并，并将其重新命名为LOGO，并在工作区中调整其大小与位置，效果10-57所示。

图10-56

图10-57

实例 **147** 制作档案袋

◉ 素材：素材8.jpg、素材9.png、LOGO.psd
◉ 场景：制作档案袋.psd

Step 01 按Ctrl+O组合键，在弹出的对话框中选择"素材\Cha10\素材8.jpg"素材文件，单击【打开】按钮，如图10-58所示。

图10-58

Step 02 在工具箱中单击【矩形工具】，在工作区中绘制一个矩形，在【属性】面板中将W、H分别设置为370、508像素，将【填充】设置为# fbe6cb，将【描边】设置为无，效果如图10-59所示。

图10-59

Step 03 在【图层】面板中双击【矩形 1】图层，在弹出的对话框中勾选【投影】复选框，将【混合模式】设置为【正片叠底】，将【阴影颜色】设置为# 0b0306，将【不透明度】设置为41%，取消勾选【使用全局光】复选框，将【角度】设置为90度，将【距离】、【扩展】、【大小】分别设置为0像素、0%、11像素，如图10-60所示。

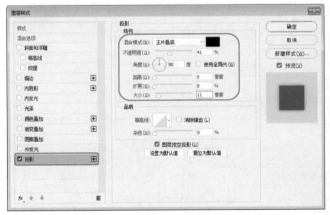

图10-60

Step 04 设置完成后，单击【确定】按钮，在工具箱中单击【钢笔工具】，在工具选项栏中将【工具模式】设置为【形状】，将【填充】设置为# b4030f，将【描边】设置为无，在工作区中绘制如图10-61所示的图形。

Step 05 在【图层】面板中双击【形状 1】图层，在弹出的对话框中勾选【投影】复选框，将【混合模式】设置为【正常】，将【阴影颜色】设置为# 070102，将【不透明度】设置为30%，取消勾选【使用全局光】复选框，将【角度】设置为90度，将【距离】、【扩展】、【大小】分别设置为0像素、0%、9像素，如图10-62所示。

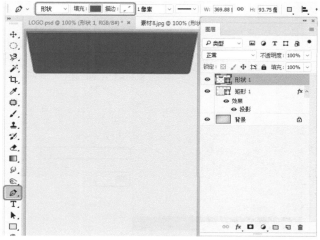

图10-61

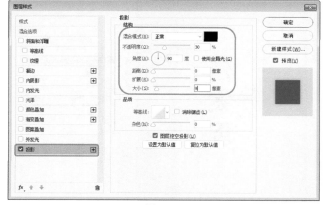

图10-62

Step 06 在菜单栏中选择【文件】|【置入嵌入对象】命令，在弹出的对话框中选择"素材\Cha10\素材9.png"素材文件，单击【置入】按钮，按Enter键完成置入，并在工作区中调整其位置，效果如图10-63所示。

图10-63

Step 07 使用【横排文字工具】在工作区中单击鼠标，输入文字，选中输入的文字，在【字符】面板中将【字体】设置为【方正粗宋简体】，将【字体大小】设置为8点，将【字符间距】设置为260，将【垂直缩放】、【水平缩放】均设置为100%，将【颜色】设置为#b4030f，效果如图10-64所示。

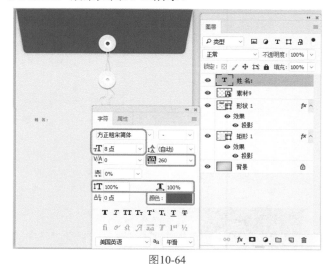

图10-64

Step 08 使用同样的方法再在工作区中输入其他文字，效果如图10-65所示。

图10-65

Step 09 在工具箱中单击【直线工具】，在工具选项栏中将【填充】设置为无，将【描边】设置为#b4030f，将【描边宽度】设置为1像素，将【路径操作】设置为【合并形状】，在工作区中绘制如图10-66所示的水平直线。

Step 10 在【图层】面板中将【形状2】图层的【不透明度】设置为30%，使用同样的方法利用【矩形工具】与【直线工具】在工作区中绘制其他图形，效果如图10-67所示。

Step 11 在【图层】面板中选择【矩形1】图层，按Ctrl+J组合键拷贝图层，将【矩形1拷贝】图层调整至【图层】面板的最上方，并在工作区中调整其位置，效果如图10-68所示。

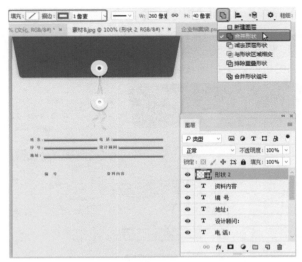

图10-66

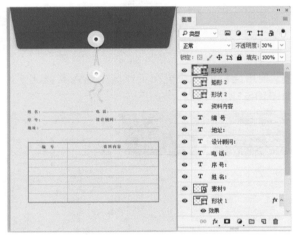

图10-67

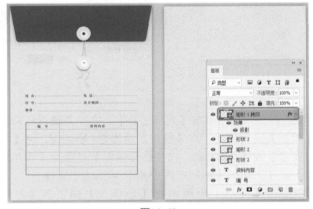

图10-68

图10-69

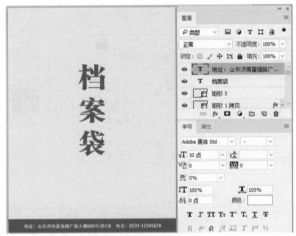

图10-70

Step 14 打开LOGO.psd素材文件，在【图层】面板中选择【圆角矩形 1】、【匠品】、【文化】图层，按住鼠标将其拖曳至"素材8"文档中，按Ctrl+E组合键将添加的图层进行合并，并将其重新命名为LOGO，并在工作区中调整其大小与位置，效果10-71所示。

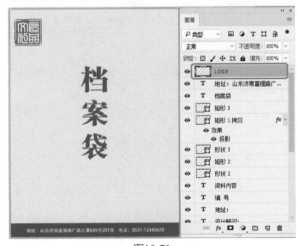

图10-71

Step 12 在工具箱中单击【矩形工具】，在工作区中绘制一个矩形，在【属性】面板中将W、H分别设置为370、31像素，将【填充】设置为# b4030f，将【描边】设置为无，效果如图10-69所示。

Step 13 根据前面介绍的方法在工作区中输入文字，并进行相应的设置，效果如图10-70所示。

Photoshop图像处理+网店美工+特效制作 完全实训手册

第 **11** 章 卡片设计

本章为电子书，请扫码阅读

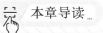 本章导读

　　好的卡片能够巧妙地展现出卡片原有的功能及精巧的设计，卡片设计的主要目的是让人加深印象，同时可以很快联想到相关的专长与兴趣，因此引人注意的名片，活泼、趣味常是其共通点。本章将讲解卡片的设计。

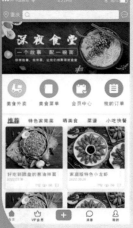

第**12**章 **手机移动UI设计**

本章为电子书，请扫码阅读

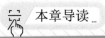 本章导读

UI即User Interface（用户界面）的简称。泛指用户的操作界面，包含移动APP、网页、智能穿戴设备等。UI设计主要指界面的样式的设计。

第13章 网站宣传广告设计

本章为电子书，请扫码阅读

本章导读

　　网站宣传广告设计往往是利用图片、文字等元素进行画面设计，并且通过视觉元素传达信息，将真实的图片展现在人们面前，让观赏者一目了然，使信息传递得更为准确，给人一种真实、直观、形象的感觉，使信息具有令人信服的说服力，本章将介绍如何制作网站宣传广告。

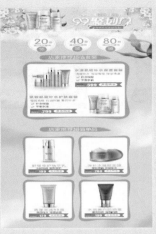

第 **14** 章 淘宝店铺设计

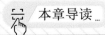

本章为电子书，请扫码阅读

本章导读

　　在很多淘宝店铺中，为了增添艺术效果，利用了多种颜色以及复杂的图形相结合，让画面看起来色彩斑斓，光彩夺目，从而吸引大众的购买欲，使顾客对店铺内容有新的兴趣，从而提高成交率，这也是淘宝店铺的一大特点。本章将介绍如何设计淘宝店铺。

第**15**章　广告设计中梦幻特效制作

本章为电子书，请扫码阅读

本章导读…

　　Photoshop在绘图方面的一个重要应用就是特殊效果的制作，而在实际绘图中，几乎所有的图像绘制都离不开如闪光、光线等特殊效果。本章介绍几种特殊效果的绘制过程，通过最直接的方式体现Photoshop在实现特殊效果方面的基本功能。

第 **16** 章　效果图后期处理设计

本章为电子书，请扫码阅读

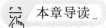 本章导读…

从实用性角度来讲，从3ds Max中渲染输出的效果并不成熟，一般三维软件在处理环境氛围和制作真实配景时，效果总是不能令人非常满意，所以，需要由Photoshop软件作出最后的修改处理。本章将介绍有关效果图后期处理的诸多技术。

第**17**章 室内大厅效果图

本章为电子书，请扫码阅读

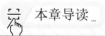 本章导读

　　本章将制作一个接待大厅的后期效果图，着重讲述后期处理操作技巧，并且综合运用了对图像亮度\对比度、图像区域、配景植物的设置及调整，以及大厅吊顶处灯光光晕的设置等几个方面来讲解室内效果图中后期处理的方法。

第**18**章 室外建筑效果图
后期处理

本章为电子书，请扫码阅读

 本章导读

　　本章将介绍如何使用Photoshop CC 2018对效果图进行后期亮度、对比度、配景的制作，对室内外效果图后期所涉及的处理基础都进行了详细的讲解。通过对本章的学习和制作，希望读者可以掌握后期处理的制作与思路。